高等职业教育（专科）"十三五"规划教材

园林树木修剪与造型

园林技术及相关专业用

王国东　主编

中国农业大学出版社
·北京·

内 容 简 介

本书有四个模块，模块一为园林树木整形修剪基础知识，模块二为园林树木整形修剪，模块三为园林树木造型造景，模块四为常见园林树木的整形修剪。

图书在版编目（CIP）数据

园林树木修剪与造型 / 王国东主编. —北京：中国农业大学出版社，2019.6
ISBN 978-7-5655-2240-6

Ⅰ.①园… Ⅱ.①王… Ⅲ.①园林树木—修剪—高等学校—教材 Ⅳ.① S680.5

中国版本图书馆 CIP 数据核字（2019）第 129198 号

书　　名	园林树木修剪与造型		
作　　者	王国东　主编		

策划编辑	姚慧敏	责任编辑	洪重光
封面设计	郑　川		
出版发行	中国农业大学出版社		
社　　址	北京市海淀区学清路甲 38 号	邮政编码	100083
电　　话	发行部 010-62733489，1190	读者服务部	010-62732336
	编辑部 010-62732617，2618	出 版 部	010-62733440
网　　址	http://www.caupress.cn	E-mail	cbsszs@cau.edu.cn
经　　销	新华书店		
印　　刷	涿州市星河印刷有限公司		
版　　次	2019 年 9 月第 1 版　　2019 年 9 月第 1 次印刷		
规　　格	787×1 092　　16 开本　　9.25 印张　　280 千字		
定　　价	38.00 元		

编审人员

主　编　王国东　辽宁农业职业技术学院

副主编　张力飞　辽宁农业职业技术学院

　　　　贾大新　辽宁农业职业技术学院

　　　　赵明珠　辽宁农业职业技术学院

　　　　周洪富　辽宁果树科学研究所

参　编　杜蓝涛　上海景域园林建设发展有限公司

　　　　王学强　天津绿茵景观生态建设股份有限公司

　　　　张　超　盘锦展鹏建设工程有限公司

　　　　梁文杰　温州科技职业技术学院

顾　问　孙洪奎　大连英歌石园林植物园

主　审　蒋锦标　辽宁农业职业技术学院

前　言

党的十九大报告提出要加快生态文明体制改革，建设美丽中国，实现乡村振兴。"生态文明建设、美丽中国建设、实现乡村振兴"成为国家战略，在实现这些国家战略进程中，必将需要园林行业从业者们承担更多新时代相关的使命与担当，急需一大批技术精湛、业务娴熟的园林专业工作队伍。掌握娴熟的园林树木修剪与造型技能是对高素质园林行业技术技能人才的必然要求。

园林树木修剪与造型是高职高专园林类专业主干课程，也是一门实践性强、应用性广的课程。教材编写过程以"就业导向，能力本位"为指导，坚持够用实用原则，创新编写体例，更新编写内容，在保证理论基础知识实用、够用的前提下，主要以实践教学为主，强调技能实训，突出为高素质技术技能人才培养服务的特点。书中使用大量插图，有助于学生对相关知识的理解和相关技能的掌握。

本教材由辽宁农业职业技术学院王国东教授担任主编。辽宁农业职业技术学院张力飞教授、贾大新老师、赵明珠老师，辽宁果树科学研究所周洪富副研究员担任副主编。辽宁农业职业技术学院原院长蒋锦标教授担任主审。大连英歌石园林植物园园长孙洪奎担任编写顾问。编写分工如下：王国东编写模块一、模块二、模块三，王国东、张力飞编写模块四；张力飞、贾大新、赵明珠编写附录。上海景域园林建设发展有限公司杜蓝涛参与编写模块一，天津绿茵景观生态建设股份有限公司王学强参与编写模块二，盘锦展鹏建设工程有限公司张超参与编写模块三，温州科技职业技术学院梁文杰参与编写模块四。

全书由辽宁农业职业技术学院王国东教授统稿。

在此对在本教材编写过程中给予大力支持的同行们表示衷心感谢！

由于编者水平有限，不足之处，敬请批评指正。

编　者

2019 年 2 月

目　　录

模块一　园林树木整形修剪基础知识

一、园林树木整形修剪的目的

整形修剪是园林树木栽培及管护中的一项经常性工作。园林树木优美的树形、树姿是园林景观的体现形式。维持园林树木合理的树冠结构、调整树体长势、延长树体寿命，可以充分发挥园林树木的生态价值。而上述效果的取得必须依赖于合理整形修剪技术的综合应用。

整形是指利用一定的修剪措施来形成合适的树体结构，以满足树体生长发育和人们审美的需要；而修剪则是按树体生长发育和整形的要求，去除树体部分枝、叶等器官，以达到调节树势、培养和更新造型的目的。整形与修剪是密不可分的综合性栽培管理技术。

园林树木整形修剪的主要目的如下。

（一）树木本身生长调节的需要

园林树木的修剪养护，首先是为了调整树木的生长状况，使其自身的营养供应得到充分的利用，避免无效的竞争、浪费。

1. 调节根冠比，提高抗逆能力

通过适当的修剪，调节根冠平衡，可促进树木的健康生长。根冠比恰当，树体营养均衡，抗逆能力强，树木生长旺盛、健康。

2. 调节蒸腾平衡，提高移栽成活率

在苗木起运之前或栽植前后，通过适当修剪根系和枝叶，可以调整地下根系吸收与地上枝叶蒸腾的平衡，从而使苗木成活率提高。当年定植的苗木，若在翌年早春遇到气温回升过快，则地上部分生长较快，而地下新根活动缓慢，从而进一步加剧地上与地下部分生长速度的不均衡。此时修剪掉地上过快长出的枝叶，有利于新根对地上部分的营养供应，苗木的移栽成活率会大大提高。

3. 调控树体结构，提高观赏效果

整形修剪可促使树体形成合理的主干和主枝，并使其主从关系明确，枝条分布疏密有致，从而使树冠结构能满足特殊的栽培和观赏要求。

（1）培育主干达到理想高度和粗度

对于有明显主干的树种，欲使其主干达到一定高度和粗度，可在适当高度进行修剪，待剪口下侧芽萌发抽枝后，预留出合适侧枝，去除其下多余萌芽和根部萌蘖，为以后的生长发育和优良树形提供基本支撑结构。

（2）调节枝干方向，创新艺术造型

通过整形修剪来改变树木的干形、枝形，创造出更具有艺术观赏效果的树木姿态。如在自然式修剪中，可以创造出古朴苍劲的盆景式树木造型；而在规则式修剪中，又可形成规整严谨的树冠形态。

（3）增加树冠通透性，增强树体的抗逆能力

当树冠过度郁闭时，内膛枝得不到足够的光照，致使枝条下部秃裸，开花部位也随之外移。同时树冠内部相对湿度较大，极易诱发病虫害。通过修剪可增加树冠通透性，使树体通风透光，从而减少病虫害发生的机会，增强树体的抗逆能力。同时，树冠通透还可以提高树体抗风能力。

（4）控制树体生长姿态，增强景观效果

园林树木以不同形式配置在特定环境中，其与周边空间相互协调，构成各类园林景观。栽培管护中，只有通过不断的适度修剪，才能控制和调整树木结构、形态和尺度，以保持原有的设计效果，并达到与环境的协调一致。例如，在狭小的空间中配置的树木，要尽量控制其形体尺寸，以达到小中见大的效果；而栽植在空旷地上的庭荫树，则要尽量使其树冠扩大，以形成良好的遮阴效果。

（5）调控开花结实，提高观花效果

对于观花、观果的树木，可通过修剪促进其花芽分化，达到增花、增果的目的。营养生长与生殖生长之间的平衡关系，决定着花芽分化的数量和质量。在实际栽植养护中，可通过一定的修剪方法和合适的修剪时间来调节观花、观果树木营养生长和生殖生长之间的平衡，协调二者之间的营养分配，为丰富花果创造条件。另外，要促进幼年观花、观果苗木尽早进入开花结果期，或使已进入花期的花果苗木年年花繁实累，均可通过合理和科学的整形

修剪进行调节。修剪可打破树木原有的营养生长与生殖生长之间的平衡，重新调节树体内的营养分配，进而调控开花结实。正确运用修剪可使树体养分集中、新梢生长充实，控制成年树木的花芽分化或果枝比例。及时有效的修剪，既可促进大部分短枝和辅养枝成为花果枝，达到花开满树的效果，也可避免花果过多造成的大小年现象。

4. 老树更新复壮，焕发生机活力

树木的寿命有长有短，但不是绝对的。树体衰老后，外围枝会大量枯死，骨干枝残缺，导致树冠出现空秃，冠形不整，花果量急剧减少，观赏价值明显下降。此时可通过适当的修剪，刺激枝干皮层内的隐芽萌发，诱发形成健壮新枝，填空补缺，再现英姿，达到恢复树势、更新复壮的目的。

（二）适应树体周边环境的需要

1. 协调与周边环境的矛盾

因周边环境条件的限制，园林树木常常需要进行调整。整形修剪是一种常用的方法。如行道树的树冠往往与架空电线发生矛盾，为避免树冠与电线的接触，常将行道树修剪成"杯状"，使电线从"杯"的中间穿过。欧美很多国家常把行道树树冠修剪成"帘"状，不仅增加了植物的美感，还为行人和汽车在炎炎夏日提供了庇荫场所。

此外，建筑物、假山、漏窗及池畔等处的配景植物，为了与环境协调，常常需控制植株高度或冠幅的大小。屋顶、阳台等处种植的花木，由于土层浅、容器小、空间窄，也需把植株大小控制在一定的范围内。在宾馆、饭店等的室内花园中栽培的观赏植物，更需压干缩冠，限制体量。在实际应用中，除了在植物种类选择上应慎重考虑外，整形修剪调节也是经常采用的方法。

通过整形修剪还可解决树木产生的环境问题。如悬铃木的控果修剪，可有效地缓解悬铃木飘毛的问题；在有台风侵扰的地区，有的大树因枝条过密，在大风时易出现树木倒伏的现象，通过疏枝修剪则可减小风压，防止大树倒伏。

2. 避免安全隐患

通过修剪可及时去除枯枝死干，从而避免枝折树倒造成的伤害。修剪以控制树冠枝条的密度和高度，保持树体与周边高架线路之间的安全距离，避免因枝干伸展而损坏设施。对城市行道树适当修剪还可解除树冠对交通视线的可能阻挡，减少行车安全事故。

（三）打造整体景观审美效果的需要

在园林绿化水平日益提高的今天，根据不同的造型要求，对园林树木进行修剪整形，使之与周围的环境配置相得益彰，更能创造协调美观的景致；也可对园林花木剪整以表现出不同的意境，形成广场、街头、社区的景观亮点，满足人们不同的审美需求。

二、园林树木整形修剪的生物学基础

（一）树体结构与整形修剪

1. 园林树木的自然株型

一株树木整体形成的姿态称株型，由树干发生的枝条集中形成的部分叫树冠。各种树木在自然状态下都有固定的株型，称自然株型。园林树木常见的自然株型有：

① 塔形（圆锥形） 单轴分枝的植物形成的株型之一，有明显的中心主干，如雪松、水杉、落叶松等。

② 圆柱形 单轴分枝的植物形成的株型之一，中心主干明显，主枝长度从下至上相差甚小，故植株上下几乎同粗，如塔柏、杜松、龙柏、铅笔柏、蜀桧等。

③ 圆球形 合轴分枝的植物形成的冠形之一，如元宝枫、栾树、樱花、杨梅、黄刺玫等。

④ 卵圆形 如壮年期的桧柏、加杨等。

⑤ 垂枝形 有一段明显的主干，所有枝条似长丝垂悬，如龙爪槐、垂柳、垂枝榆、垂枝桃等。

⑥ 拱枝形 主干不明显，长枝弯曲成拱形，如迎春、金钟花、连翘等。

⑦ 丛生形 主干不明显，多个主枝从基部萌蘖而成，如贴梗海棠、棣棠、玫瑰、山麻杆等。

⑧ 匍匐形 枝条匍地生长，如偃松、偃桧等。

⑨ 倒卵形 如千头柏、刺槐等。

2. 树体的结构

树体一般由主干和树冠构成，依据树冠的枝条和在主干上的位置关系，组成树冠的各种枝条都有一定的名称，认识组成树干和树冠的各种主要枝条名称术语，是学习整形修剪的基础。

① 主干　俗称树干，为树木的分枝点以下部分，即从地面开始到第一分枝为止的一段茎。

② 中干　指树木在分枝处以上主干延伸部分。中干多由主干的顶芽或茎尖形成，也有由顶芽周边的腋芽形成的。在中干上分布有树木的各种主枝。有些树木的中干很明显，会不断延伸直至树梢，称"中央领导干"；有些不明显，半途中止，或与主枝难以区分；有些树木则基本没有主干。中干及中央领导干明显的，其顶端枝梢部分称为主梢（又称顶梢）。

③ 主枝　指从中干上分出，即由中干的腋芽（侧芽）萌发形成的枝条。从中央领导干分出的枝条称为次级主枝或副主枝。

④ 侧枝　指从主枝上分出，即由主枝的腋芽形成的枝条。同样，从主枝延长枝分出的枝条称为次级侧枝或副侧枝。

⑤ 小侧枝　指从侧枝上分出，即由侧枝的腋芽形成的枝条。

⑥ 主枝延长枝　主枝的延伸，即由主枝的顶芽或茎尖形成的枝条。

⑦ 侧枝延长枝　侧枝的延长，即由侧枝的顶芽或茎尖形成的枝条。

在构成树木地上部分的各种枝中，主枝是构成树冠的骨架，称为"骨架枝"（又称骨干枝）。但是，随着树木的不断生长，次级主枝和侧枝也会成为树木的骨架枝。所以，骨架枝既是一个永久性的枝条，同时又是一个相对的概念。

单轴分枝型树体结构如图1-1所示。

（二）枝的生长特性与整形修剪

树木枝条的类型、萌芽力、成枝力、顶端优势、干性和层性等特性与植物整形修剪有密切的关系，是植物造型的重要依据。

1. 枝条的类型

（1）依枝条性质划分

依枝条的性质可将枝条分为营养枝与开花结果枝。

营养枝　在枝条上只着生叶芽，萌发后只抽生枝叶的为营养枝。营养枝根据生长情况又分为发育枝、徒长枝、叶丛枝和细弱枝。

发育枝　枝条上的芽特别饱满，生长健壮，萌发后可形成骨干枝，扩大树冠。发育枝还可以培养成开花结果枝等。

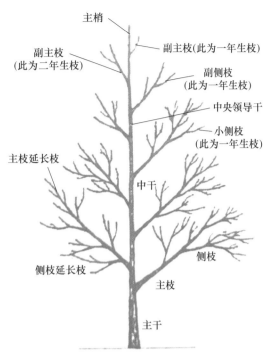

图1-1　树体结构示意图（单轴分枝型）

徒长枝　一般多由休眠芽萌发而成。徒长枝生长旺盛，节间长，叶大而薄，组织比较疏松，木质化程度较差，芽较瘦小，在生长过程中消耗营养物质多，常常夺取其他枝条的养分和水分，影响其他枝条的生长，故一般发现后立即修剪掉，只有在需利用它来进行更新复壮或填补树冠空缺时才保留和培养利用。

叶丛枝（短枝）　年生长量很小，顶芽为叶芽，无明显的腋芽，节间极短，故称叶丛枝，如银杏、雪松。在营养条件好时，可转化为结果枝。

细弱枝　多年生在树冠内膛阳光不足的部位，枝细小而短，叶小而薄。

开花结果枝　着生花芽或者花芽与叶芽混生的枝条，依其枝条长短，可分为长枝、中枝和短枝。

（2）依枝条生长态势划分

从枝条的生长方向而言，向外斜生的枝条称斜生枝或外向枝，向上生长的称直立枝，呈水平生长的称水平枝，向下生长的称下垂枝，向树冠内部生长的称"内向枝"或"逆向枝"。

从两个枝条的相互关系而言，相互交错的称交叉枝，上下重叠的称平行枝，左右重叠的称并列枝，同一节上两个枝条相对生长且方向相反的称对生枝，多个枝条从同一节上抽出且向不同方向生长的称轮生枝，由节的同一部位抽出又向同一方向生长的称丛生枝或束生枝。

（3）依枝条抽生时间及老熟程度划分

依抽生时间及老熟程度，枝条可分为春梢、夏梢和秋梢。

在春季萌发长成的枝条称为春梢，由春梢顶端的芽在当年继续萌发而成的枝叫夏梢，秋季雨水、气温适宜还可由夏梢顶部抽生秋梢。秋梢一般来不及木质化就进入冬季，故容易受冻害。新梢落叶后至第2年春季萌发前称为一年生枝条，着生一年生枝条或新梢的枝条称为二年生枝条，当年春季萌发、当年在新梢上开花的枝条称为当年生枝条。

2. 萌芽力与成枝力

（1）萌芽力

一年生枝条上芽萌发的能力称为萌芽力。芽萌发得多，则萌芽力强，反之则弱。萌芽力用萌芽率表示，即枝上芽的萌发数量占该枝总芽数的百分比。

（2）成枝力

一年生枝上芽萌发抽生长枝的能力称为成枝力。抽生长枝多的，则成枝力强。生产上一般以抽生长枝的具体数目来表示。

萌芽力与成枝力的强弱，因树种、树龄、树势而不同。萌芽力与成枝力都强的树种有葡萄、新疆核桃、紫薇、桃、栀子花、月季、六月雪、黄杨等。梨的萌芽力强而成枝力弱。有些树种萌芽力、成枝力均弱，如梧桐、苹果的某些品种（国光）、桂花等。有些树种的萌芽力与成枝力因树龄而增强或减弱，如美国皂荚。一般萌芽力和成枝力都强的树种枝条多，树冠容易形成，较易于修剪和耐修剪，灌木类修剪后易形成花芽开花，但树冠内膛过密影响通风透光，修剪时宜多疏轻截。萌芽力与成枝力弱的树种，树冠多稀疏，应注意少疏，适当短截，促其发枝。

3. 顶端优势

同一枝条上顶芽或位置高的芽抽生的枝条生长势最强而向下生长势递减的现象称为顶端优势。这是枝条背地生长的极性表现。树体内营养物质及水分优先分配给顶部芽，引起顶端部分芽生长旺盛，同时顶部芽分生组织又形成较多的内源激素向下输送，抑制了下部芽的萌发与生长，下部侧芽从根部获得的激素较少，因此形成顶端优势。顶端优势的强度与枝条的分枝角度有关，枝条越直立，顶端优势表现越强；枝条越下垂，顶端优势越弱。修剪时

通常将枝条顶部剪去，解除顶端优势，促使侧芽萌发，或对旺枝加大角度，抬高弱枝，减小夹角，能达到抑强扶弱的作用。调节枝势的目的是使观花植物先端生长转弱，促使向生殖生长方面转化，如月季、紫薇等，花后在饱满芽处剪去枝梢，促使其继续开花。

（1）顶端优势的表现

① 芽与腋芽的顶端优势表现：顶端优势在一年生枝条上的表现是顶芽（或茎尖）与腋芽的关系。如果让一个顶端优势一年生枝任意生长，则由顶芽形成的延长枝的生长势必然强于腋芽形成的分枝。如果把这个枝条的顶芽（或茎尖）去掉，顶端优势并不消失，它会转移给下面的第1个腋芽；把第1个腋芽去掉，又会转移给第2个腋芽，依此类推，这叫"优势下延"。这种顶端优势下延的现象，说明除去一年生枝的顶端能加强分枝，这个规律在修剪上有十分重要的意义。

② 延长枝与分枝的顶端优势表现：在一个枝组上，一般是位于顶部的延长枝发达，其下侧的分枝受到抑制；同样是分枝，位于母枝上部的分枝发达，越下部的分枝越不发达。这些现象在所有树木上都普遍存在，人们可以利用顶端优势的特点加以调节。

③ 主干与多年生枝的顶端优势表现：顶端优势在树木主干和多年生枝的关系上也有同样的表现，也可以依据优势下延的原理，对多年生枝采取合理的修剪措施，为改造树形、调整树体结构获得强有力的分枝。

（2）顶端优势与树木形态特性的关系

① 顶端优势与树木分枝习性的关系：单轴分枝的树木顶端优势明显，其突出表现就是中央领导干发达；合轴分枝和假二杈分枝的树木顶端优势则不十分明显，它的中央领导干不发达，甚至很快消失。

② 顶端优势与乔木、灌木的关系：越是高大的乔木（即"乔化"强），它的顶端优势就越明显；反之，越是矮小的灌木，顶端优势越不明显。

③ 顶端优势与枝条生长方向的关系：越是直立的枝条，顶端优势越明显；越是角度大的枝条，顶端优势就越不明显；通常下垂的枝条，顶端优势更弱。但是下垂枝有时有一个特殊情况，如龙爪槐的下垂枝，有些粗壮的母枝会在其枝条弯曲处或最高部位抽生出旺枝，称为"背上优势"，它属于

"优势转位"，这在修剪时也必须引起注意。

综上所述，一株树整体的或局部的顶端优势现象，必然和它的分枝习性、乔化强弱、枝条位置和枝条角度有关。对一株树来说，顶端优势强、乔化明显，就称为"干性"强。在整形修剪时要充分注意不同树木的干性强弱。

4. 干性与层性

树干分枝点以下直立生长的部分称为中心主干，主干的强弱因树种而异。树木主干、中干的强弱和维持时间的长短称为干性。顶端优势明显的树种，能形成高大、通直的主干，如雪松、水杉、杨梅、银杏、山核桃、刺槐等称为主干性强的树种；有的虽具中心主干，然而短小，这类树种干性弱，如桃、柑橘、丁香、石榴等。

由于顶端优势和芽的异质性，一年生枝条的成枝力自上而下逐渐减弱，年年如此，导致主枝在中心主干上的分布或二级侧枝在主枝上的分布形成明显的层次，称为层性。层性因树种和树龄而不同，一般顶端优势强、成枝力弱的树种层性明显，如柿、梨、油松、马尾松、雪松等；而成枝力强，顶端优势弱的树种，层性不明显，如桃、柑橘、丁香、垂丝海棠等。层性往往随树龄而变化，一般幼树较成年树层性明显，但苹果则随树龄增大，弱枝死亡，层性逐渐明显起来。研究树木的层性与干性，对园林树木冠形的形成、演变和整形修剪有重要的意义。一般干性和层性明显的树种多高大，适合整成有中心主干的分层树形，而干性弱、层性不明显的树种较矮小，树冠披散，多适合整成自然开心形的树冠。

（三）芽的生长特性与整形修剪

1. 芽的类别

芽依着生位置可分为顶芽、侧芽和不定芽。顶芽在形成的第 2 年萌发，侧芽第 2 年不一定发芽，不定芽多在根茎处发生。侧芽可分为叶芽、花芽和混合芽。叶芽萌发成枝，花芽萌发成花，混合芽萌发后既生花又生枝叶，如葡萄、海棠、丁香。花芽一般肥大而且饱满，与叶芽较易区别。

芽依萌发情况，可分为活动芽和休眠芽。活动芽于形成的当年或者第 2 年即可萌发。这类芽往往生长在枝条顶端或者是近顶端的几个腋芽。休眠芽第 2 年不萌发，以后可能萌发或一生处于休眠状态。休眠芽的寿命长短因树种而异，柿树、核桃、苹果、梨等，休眠芽寿命较长。

2. 芽的异质性

芽在形成的过程中，由于树体内营养物质和激素的分配差异，及外界环境条件的不同，同一个枝条上不同部位的芽在质量上和发育程度上存在着差异，这种现象称为芽的异质性。在生长发育正常的枝条上，一般基部及近基部的芽，春季抽枝发芽时，由于当时叶面积小，叶绿素含量低，光合作用的效率不高，碳素营养积累少，加之春季气温较低，芽的发育不健壮，芽瘦小。随着气温的升高，叶面积很快扩大，同化作用加强，树体营养水平很高，枝条中部的芽发育得较为充实，枝条顶部或近顶部的几个侧芽，是在树木枝条生长缓慢后营养物质积累多的时候形成的，芽多充实饱满，故基部芽不如中部芽，如葡萄等。前期生长型的树木，春梢形成后，由于气候变化等原因，常能形成秋梢，秋梢形成之后，因其生长时间短，秋末枝条组织难以成熟，枝上形成的芽一般质量较差，在枝条顶部难以形成饱满的顶芽，许多树木（栗、柿、杏、柳、丁香等）达到一定年龄后，新梢顶端会自动枯死，有的顶芽则自动脱落（柑橘类）。某些灌木和丛生植株中下部的芽反而比上部的好，萌生的枝生长势也强。

一个较长枝条上的腋芽，总是基部和梢部的质量较差，中部的质量较好，特别是芽（叶）互生的树木最明显，这是由枝条在加长生长时的三个生长阶段所造成的。但是，除了上述的普遍性外，也有特殊性。如果是一个中短枝，往往多数是上、中部的芽质量好，基部的芽质量差。另外，不同树种、不同树龄、不同的栽培条件，壮芽的分布不一定都这样有规律，有时壮芽长在枝条基部的现象也会发生。

在修剪时往往会遇到选留腋芽的问题，留芽的质量很重要，特别是剪口下的第 1 个芽（剪口芽），通常是被寄予最大希望的芽。为了选择好剪口芽，修剪时一定要掌握芽的异质性这个特点。

并不是所有的修剪都要留壮芽，特别是在花木类树种修剪时，为了防止过度营养生长，有时会特意留弱芽，顶端优势强、芽的异质性明显的树种，在一组枝条上往往是靠近顶部的分枝强、下部的分枝弱，体现出枝条的层次，在整形修剪时也要充分注意不同树木的不同层性。

3. 芽的熟性

有的芽形成后，在当年生长期内不萌发，需经过一段休眠（或被迫休眠）后，在第 2 年春季再萌发，称"晚熟性芽"。有的芽形成后，在当年的生长期内即能萌发，称"早熟性芽"。一年有多次生长的树木本身具有大量的早熟性芽，所以就会发生形形色色的夏梢、秋梢，以及二次枝、三次枝。

在进行冬季修剪（休眠期修剪）时，落叶树木一年生枝条上的芽都是晚熟性芽，因为它在冬季不会再萌发了，这时候的芽称为"休眠芽"（又名"冬芽"）。所以树木的"定型修剪"多数在冬季进行，因为这时对枝条上这些休眠芽的去留很直观。但是生长期修剪就不同了，生长期形成的芽，哪些是早熟性的，哪些是晚熟性的，修剪时无法判断。所以，如果树木的生长发育正常，生长期修剪的第一要素是修剪量要轻，如果修剪过重，就会因刺激而促使一些芽在当年生长期内萌发，也就是说，有些原来应该是晚熟性的芽，经过重剪的刺激后变成早熟性芽了，这样，就有可能出现与修剪目的背道而驰的现象。

早熟性芽和晚熟性芽的多少随树种不同而不同。要注意的是，即使是同一树种，芽的熟性也会随树龄、环境条件、栽培措施的不同而发生改变。如桃具有早熟性芽，但衰老桃树的早熟性芽会丧失当年萌发的功能，它每年只能萌发一次枝条。悬铃木本身没有早熟性芽，但如果肥水条件特别好，也会使一些晚熟性芽变成早熟性芽，在当年生长期内萌发二次枝。

4. 腋芽的特点

（1）腋芽与分枝形式和分枝角度

① 腋芽与分枝形式：各级分枝都是由腋芽形成的。园林树木分枝形式有合轴分枝、单轴分枝、假二杈分枝、多歧分枝。个别树木集两种分枝形式于一身，如广玉兰开始是单轴分枝，当它的某一延长枝或中央领导干的顶芽开花以后，就局部或全株变成合轴分枝（这种演变发生的时间与繁殖方法的不同也有很大关系）。泡桐开始是假二杈分枝，当它的"假二杈式"分枝开花时间不一致时，也就局部或全株变成了合轴分枝。对于这类树木，在整形修剪时需特别加以注意。

② 腋芽与分枝角度：在同一个母枝上，各分枝的角度不同，越是靠近母枝梢部的腋芽，形成的分枝角度越小，生长势强；反之，则角度越大，生长势弱。这是顶端优势的表现之一，也是修剪整形时可加以利用的性状。比如，在树木定型时，分枝

角度的大小可以随需要而定，需要角度大的分枝，就尽量留母枝基部的芽；需要角度小的分枝，就尽量留靠近母枝梢部的芽。当然这只能说是大概的趋势，并不一定都能如愿以偿，特别是留基部极少芽的时候，由于顶端优势下延和刺激过重，其萌发的枝条往往不一定角度就大，如悬铃木定干时常会碰到这种现象。

③ 分枝形式与分枝角度的关系：不同树种之间，分枝形式和分枝角度的关系也很复杂。理论上讲，单轴分枝的树种的顶端优势强，枝条向上生长的趋势明显；合轴分枝的树种顶端优势相对弱，枝条向侧方生长的趋势明显。由此，应该是单轴分枝的分枝角度小，合轴分枝的分枝角度大。但实际上只能说通常是这样而并不尽然，甚至还有相反的。如雪松是单轴分枝，但它的分枝角度一般都比较大；木槿是合轴分枝，它的分枝角度反而小。由此可见，分枝形式和分枝角度没有必然的对应关系，在整形修剪时两方面都要有所考虑。

（2）腋芽芽序与单芽、复芽

① 芽序：腋芽在枝条上的排列方式称为"芽序"，和叶序一致。叶对生的树种，上下两节之间的芽方位相差 90°，称 1/4 式。两列状互生的树种，上下两节之间的芽方位相差 180°，称 1/2 式。螺旋状互生的树种最多，其上下两节之间的芽方位相差 144°，称 2/5 式。了解芽序，对修剪时考虑留芽的方向有一定的参考意义。

② 单芽和复芽：一个叶腋内的通常只有一个腋芽的叫"单芽"。如果一个叶腋内有 2 个及以上同样方向的芽则称为"复芽"。腋芽开花的花果树种，一般都有复芽，只有少数花木或一些短花枝没有复芽。

在一组复芽中，有"主芽"和"副芽"。主芽通常只有 1 个，副芽则不一定。主芽的萌芽力高，副芽的萌芽力相对弱，成为休眠芽的概率高。

主芽和副芽的排列方式有两种：一是并列的，称"并生芽"，如桃、葡萄；二是重叠排列的，称"叠生芽"，如桂花、胡桃。

5. 花芽分化

植物学家林奈说"花是变态的枝条"，花芽是经过分化后才形成的。所谓花芽分化，实际上就是芽演变为花芽的过程。对花木类树种，首先要求它的花芽分化要好。要促进花芽分化，除生产上采取合理施肥、控制水分等措施外，整形修剪起一定的作用。

从花木修剪的主要目的出发，必须充分了解并掌握各种花木的花芽分化规律，才可以通过修剪促使花木形成尽可能多的花芽，同时可以掌握不同花木各自合理的修剪时间。一种花木合理修剪时间的确定，是要看对花芽分化和协调生长是否有利。

（1）花芽分化的主要类群

花芽分化主要有两个不同类群。

① 晚熟性芽分化类群：这个类群总体较多，包括"夏秋分化型"和"冬春分化型"，它们的花芽是晚熟性的。分化时间都比较长，一般要持续3~4个月，分化完成后，还需要一段时间的休眠期，然后在第2年春夏季开花。

夏秋分化型：晚熟性芽分化类群中大多数是夏秋分化型。凡春季开花的花木多属这个类型，它们的花芽分化时间基本上是在果实的成熟阶段或新梢刚停止生长的时候开始，即早的在6月，迟的在8月；结束时间早的在9月，迟的在10月。分化结束后过冬，第2年春季或初夏开花。夏秋分化型开花最早的是蜡梅、梅花，接下来是山茶、白玉兰、桃花、樱花、海棠、杜鹃花、牡丹、八仙花、石榴等。

冬春分化型：实际上是夏秋分化型的特例，主要见于一些原产于温暖地带的常绿花木。它们的花芽分化时间较晚，一般在冬春季节，基本上是在其果实成熟以后。

② 早熟性芽分化类群：这个类群总体较少，包括"当年分化型"和"多次分化型"，它们的花芽是早熟性的。分化时间都比较短，通常在1~2个月内完成，而且没有休眠期，随即开花。

当年分化型：早熟性芽分化类群中大多数是当年分化型。凡夏、秋季开花的多属这个类型，它们的花芽分化在新梢生长后不久（还未停止或一个阶段停止）就开始，即早的在3月，迟的在6月。它们的分化、开花连续完成。开花较早的有锦带花、夹竹桃、栀子花、紫薇、木槿等，较晚的有桂花，它的花芽分化时间在6—8月间。

多次分化型：实际上是当年分化型的特例。它们在一年中能多次分化、多次开花，分化一次、开花一次，分化过程更短。代表性的花木有月季、茉莉、枸杞等。

（2）花芽分化特点对修剪时期的影响

通常，为了促进花芽分化，花木修剪要赶在花芽分化之前进行，所以夏秋分化型的在花后修剪，当年分化型的在冬季修剪。同时，又要紧密结合具体情况，做出具体分析，采取适合措施。

——夏秋分化型花木在花后进行修剪的只占此类花木中的一部分，主要是一些腋芽为纯花芽、又少复芽的树种（如蜡梅等），为防止在花后出现"光节"而影响花后的生长和花芽分化，需进行花后修剪。一些腋芽为纯花芽、复芽又较多的夏秋分化型花木（如贴梗海棠等），就不一定非花后修剪不可。更有个别夏秋分化型花木是不适宜在花后修剪的，最典型的是桃，无论是果桃还是观赏桃花，冬季修剪（即花前修剪）多于花后修剪。其原因一是桃的花芽分化容易，在休眠期修剪时即使剪去了一部分花芽也没有太大影响，加上当时花芽和叶芽的区别一目了然，修剪十分方便，不可能会剪去很多花芽；二是桃属于易流胶的树种，在生长期修剪会加剧它的流胶而影响树势，休眠期修剪则可尽量减少这种影响。

——一些混合芽开花的花木，有很多是夏秋分化型的，如牡丹、石榴等，它们主要的修剪时间也往往不在花后，基本上是在花芽分化后至花前的一个恰当时间修剪。

——至于当年分化型的花木，确实大部分都在冬季修剪。但也有例外，如桂花，由于花期特殊，又是常绿树，一般在秋末进行花后修剪。

6. 开花部位

开花部位有不同的含义，就整株花木而言，花多数开在树冠的顶端及外缘，这是离心生长的结果，所以大部分花木在修剪时，往往要控制树体无限制地向空间发展，以免影响它的开花和绿地景观的层次。

这里说的开花部位是指花开在什么年龄的枝条以及在枝条的什么位置，综合而言有两种情况。一是二年生枝上开花：花顶生的如玉兰，花腋生的如桃花，花有顶生也有腋生的如山茶。二是一年生枝上开花：花顶生的如紫薇，花腋生的如锦带花，花有顶生也有腋生的如栀子花。这两种情况说明，纯花芽树种可以得出这样的结论：夏秋分化型的在二年生枝条上开花，当年分化型的在当年生枝条上开花。但如果是混合芽树种，就不那么简单了。凡是混合芽，都在开花前先抽生一段长短不一的新梢，然后在新梢的不同位置开花。新梢属于当年生枝，所以，具混合芽的花木虽然都是夏秋分化型的，却都在当年生枝上开花。

混合芽在枝条上着生的位置与以后开花的位置，大致有以下7种情况：

一是顶芽分化，花开在新梢顶端，如垂丝海棠。

二是顶芽分化，花开在新梢叶腋处，如油橄榄。

三是腋芽分化，花开在新梢顶端，如牡丹。

四是腋芽分化，花开在新梢叶腋处，如葡萄。

五是顶芽、腋芽都能分化，花开在新梢顶端，如八仙花、丁香。

六是顶芽、腋芽都能分化，花开在新梢叶腋处，如无花果、枣。

七是顶芽、腋芽都能分化，新梢的顶端和叶腋处都能开花，如石榴、柿、柑橘。

由于混合芽有以上不同的情况，在它们的花芽分化之前，很难预测哪些枝条能成花，所以一般都以花芽分化以后的修剪为主，以免在修剪时把可能会分化的芽剪去。

可见，花木修剪要把花芽分化类群（包括分化类型、分化时间、分化部位）和该花木的开花特点（包括花芽类型、开花时间、开花部位）等性状综合起来，并结合合理的整形方式全面考虑，才能正确地修剪各种花木。

（四）园林树木分枝类型与整形修剪

树木在长期的进化过程中，形成了一定的分枝规律，一般有单轴分枝、合轴分枝、假二杈分枝、多歧分枝四种类型（图1-2）。

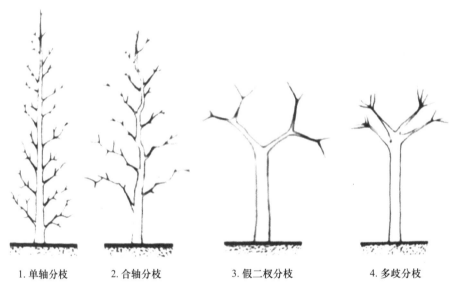

1. 单轴分枝　　2. 合轴分枝　　3. 假二杈分枝　　4. 多歧分枝

图 1-2　园林树木的分枝类型示意图

（1）单轴分枝（总状分枝，又称主轴分枝）

单轴分枝的树木顶芽生长势旺，每年新梢继续向上生长，易形成高大通直的树干。

（2）合轴分枝（假轴分枝）

有些树木，如悬铃木、柳树、榉树的新梢在生长期末因顶端分生组织生长缓慢，顶芽瘦小不充实，到冬季干枯死亡（又称顶芽自剪），或有的枝顶形成花芽而不能向上生长，翌年往往被顶芽下部的侧芽取而代之，继续生长。这种由侧芽抽枝，轮替长成主干或主枝的分枝方式称为合轴分枝。合轴分枝式树木如放任自然生长，往往在顶梢上部有可能形成几个势力相近的侧枝同时生长，形成多杈树干，不美观。

（3）假二杈分枝式（二歧分枝）

泡桐、丁香等树木，树干顶梢在生长季末不能形成顶芽，而下面的侧芽又对生，在以后的生长季节内往往两枝优势均衡，向相对方向分生侧枝。这种分枝形式称为假二杈分枝。

（4）多歧分枝

多歧分枝树种的顶梢芽在生长季末生长不充实，侧芽节间短，或在顶梢直接形成3个以上势力均等的顶芽。在下一个生长季节，每个枝条顶梢又抽出3个以上新梢同时生长，致使树干低矮。

在实际修剪过程中，应针对树木的分枝习性，进行相应的修剪整形。如雪松、龙柏、水杉、杨树等单轴分枝式的树木顶芽优势极强，长势旺，易形成高大通直的树干，如形成多数竞争枝会降低观赏价值。这类树木修剪时要控制侧枝，促进主枝。合轴分枝树木幼树时，应培养中心主干，合理选择和安排各侧枝，以达到骨干枝明显、花果满膛的目的。假二杈分枝树木幼年时可用剥除枝顶两对生侧芽中的1枚芽，留1枚壮芽向上生长的方式来培养干高。定干后再用同样的方法来培养3～5个主枝。而多歧分枝的树木，如期望其长高，可在修剪整形过程中采用抹芽法或短截的方法培养主干，定干后则可根据需要设计多种树形。

（五）园林树木整形术语

树木整形的专用术语很多，针对常见的园林树木整形技术，主要有以下一些必须了解。

1. 干性

树木主干、中干的强弱和维持时间的长短称为"干性"。顶端优势强的树木，乔化明显，所以干性强是乔木的共同特征。但是，同是乔木的不同树种之间，干性的强弱往往也有很大差别。有的乔木，主干、中干及中央领导干始终占优势，而且位于整株树木的轴心，这种树木的整形就比较容易。但有的乔木，开始时主干、中干占优势，以后这种优势会逐步丧失，以致中央领导干和主枝分不清楚。更有一部分乔木，从一开始就没有很明显的顶端优势，以致连主干也难以长直，这些乔木的整形就比较困难，需要采取一些特殊的措施，也需要更长的时间。

2. 层性

各级分枝相对集中，形成枝条分布成层的现象，称为树木的"层性"。顶端优势和芽的异质性的共同作用，形成了树木的层性。一株干性强的树木，如果芽的异质性也明显，那么在它的中干上就表现为中干延伸部分强、靠上部分主枝强、靠下部分主枝弱（甚至基部的芽不萌发）；在它的主枝上，就表现为主枝延伸枝强、靠上部侧分枝强、靠下部分侧枝弱（甚至基部的芽不萌发）。通常情况下，层性随树龄的增长会逐步减弱。但是也有相反的，如苹果属、梨属的一些树种，层性会愈来愈明显。层性强对树木的通风透光有利，所以，对大部分树种，要注意尽量延长它层性明显的时限。

干性和层性的关系不一定是对应的，有各种表现。如南洋杉、广玉兰是两者都强；柑橘、桃是两者都弱；雪松、水杉是干性强、层性弱；苦楝、胡桃是干性弱、层性强。干性和层性综合在一起，形成了不同树木的各种树体形状及其演变过程，所以了解树木的干性和层性对树木的整形有十分重要的指导意义。

3. 整形带

苗木在定型时，要求以后成为下层主枝的发枝部位称为"整形带"。对有主干的树木来说，整形带就是它主枝分枝的起始点。如果整形带高2～2.5 m，即表示该乔木的第1主枝应在离地2～2.5 m及以上的分枝中选择培养。

丛生性灌木就地分枝，它的整形带最低，所以一开始就可培养它的主枝。一般灌木的整形带，低的20～30 cm，高的40～50 cm，要按树种特性和应用需要来定，通常2～3年时间成形。

小乔木的整形带在60～120 cm，往往需要培养3～4年才能达到其整形带的高度要求。庭园树和行道树，常需要在2 m以上甚至3～4 m的高度才能确定其整形带，所以往往需要培养4～5年甚至更长时间。

4. 方位角

主枝以中干为圆心，向圆的水平方向展开，两个相邻主枝之间的水平角就称为"方位角"。方位角是判断主枝分布是否匀称的依据。例如，主枝3个，它的方位角应该是120°左右；主枝4个，它的方位角应该是90°左右；依此类推。选择方位角适宜的枝条作为主枝，是培养乔木良好树形的基础。至于侧枝以下枝条的方位，由于不以中干为圆心，不用方位角这个名称，但其方位也要合理，主要是能填补树冠的空隙。

5. 开张角

主枝斜向生长，与中干间形成的夹角称为"开张角"。开张角实际上就是分枝角度，是用于主枝分枝角度的专用名称，它是判断主枝分枝角度是否合理的依据，一般要求最下层的主枝开张角最大，往上的主枝开张角逐步缩小，但最大的开张角也不宜超过60°。对一株乔木来说，它的各主枝的开张角力求基本一致。至于侧枝以下枝条的开张情况，由于不与中干形成夹角，不用开张角这个名称，可用"分枝角度"表示。

6. 枝距

中干上着生的相邻两个主枝之间的垂直距离称为"枝距"。大多数树木，不管其主干怎么低矮，通常都要有枝距这个概念。主枝的着生或安排，要尽量避免集中在一起，否则对生长和造型都不利。要求枝距大些，就称为"拉开枝距"。较大的树木，侧枝在主枝上的排列，也需要保持一定的枝距。其枝距的大小与树木大小、枝条多少、整形方式都有关系。

7. 角度、力度、密度

"角度"是指选留主枝需综合考虑方位角、开张角的合理性；"力度"是指选留主枝需综合考虑开张角和枝条生长势（主要是枝条的长短、粗细）的合理性；"密度"是指选留主枝需综合考虑主枝数量和枝距的合理性。实践证明，统筹兼顾这三"度"，才能剪整出合理的树体结构和端正的树体形态。

8. 主枝邻接和"掐脖"

主枝的枝距过近，长大后如同着生在同一圆周线上，称为"主枝邻接"。出现主枝邻接现象说明主枝的方位角或枝距不当，要及时替换主枝。

中央领导干明显的乔木，主枝邻接严重而且生长旺盛的，会促使其主枝以上的中干难以增粗，而下部中干却增粗迅速，导致上下粗细悬殊，从而影响中央领导干的正常生长，这就叫"掐脖"。掐脖现象发生后很难纠正，所以要注意避免发生。梧桐和无花果的分枝常集中在一起，枝距难以拉开，是最容易发生掐脖现象的树种。

9. 层距

有些整形方式，主枝的分布需要分出层次。主枝有层次的乔木，其上下两层主枝在中干上的垂直距离称为"层距"。层距是判断整株树木分层是否合理的依据。层距过大，难以安排整个植株的骨架枝；层距过小，难以分清层次，导致树形混乱。

10. 层带

同样是主枝有层次的乔木，在同一层主枝间，最下一个主枝到最上一个主枝在中干上的垂直距离称为"层带"。层带是判断同一层次中各主枝的枝距是否合理的依据。层带过大，难以分清整个植株的层次；层带过小，难以安排同一层次中的枝条，导致树形混乱。凡对主枝分布有层次要求的整形方式，层距与层带都要合理，因为这是一个牵涉各枝能否充分接受阳光和整体是否美观的问题。总体要求是，两者都要有体现，而且层距要明显大于各层带内的枝距。

11. 带头枝

在一个枝组中，往往是中间的延长枝或近顶部的一个分枝特别健壮，标志着这个枝组的生长势和生长方向，称为"带头枝"。带头枝符合要求时应予保留；不符合要求时则需要更换。更换带头枝和延长枝的修剪称为"换头"。

12. 辅养枝

辅养枝通常是指较细长、平展或开张角较大、不会影响树形的临时过渡性营养枝。在苗期培养树形的过程中，凡需要二年以上才能确定整形带（即开始培养主枝）的，每年都需要选留或淘汰一部分辅养枝，以促进主干的健壮生长和端正树形，保证正常的光合作用。所以，越是乔化的树种，苗期辅养枝的作用越显重要。树木成形以后，如果光合作用不够，也可以酌情继续保留少量辅养枝，以增加光合面积和填补树冠中的空隙。

三、园林树木整形修剪的原则

整形是目的，修剪是采用的一种手段。整形修剪是在树木生长前期为获得理想的树形而进行的树体生长的调整工作，树体结构是按栽培者的需求结合树木本身的生长发育需要而确定的。整形是通过一定的修剪手段完成的，修剪则是在一定的整形基础上，根据某种目的要求而实施的对植株的某些器官如茎、枝、叶、花、果、芽、根等部分进行剪截或删除。

观赏树木的修剪既要考虑观赏的要求，又要考虑树势的平衡，修剪应利于树木的更新复壮，以最大限度地延长观赏年限。应避免修剪造成树木早衰，做到眼前与长远相结合。园林树木种类很多，冠形各异，生长习性各不相同，整形修剪应根据树木的习性、观赏功能的需要及环境条件等综合考虑。

（一）根据园林树木的生物学特性确定剪整方式

1. 通过修剪形成合适的根冠比

合适的根冠比是植物健康生长的基础，对一些大树来说更是如此。合适的根冠比，可促进树木的健康发育。常言道"根深叶才茂"，为使树木健康生长就要讲究科学的根冠比。对城市绿化树种来说，除用水分及养分调节外，修剪也是调节根冠比的一个重要手段。如城市主要道路的行道树，所栽路面多数被水泥或瓷砖覆盖，仅在主干周围留有一个很小的空间，虽然看起来美观，但不利于根系的生长，严重时还可能威胁到树的生命。再则，每年春末至初秋季节是很多树木地上部分的速生期，而地下根系生长则相对缓慢，如果养护不当，根冠比失调，则很可能造成大树"头重脚轻站不稳"的现象，严重的就会导致行道树的早衰。对城市绿化树种很难采用光照、温度等措施来调节根冠比，简单易行的方法就是通过施肥和修剪，除去一些过密枝、交叉枝、枯枝及病虫枝等，进行适当的缩冠，这样不仅能减少根系的负荷，也能改善冠内的透光条件，从而促进树木的健壮生长。

2. 根据树种的生长习性确定剪整方式

不同树种的分枝习性、萌芽力和成枝力、修剪伤口的愈合能力及对修剪的反应各不相同，修剪时应区别对待。以主轴分枝方式生长的针叶树种，主干通直高大，应以自然式整形为主，促进顶芽逐年上长。修剪时控制中心主枝上端竞争枝的发生。萌芽力、成枝力及愈合能力强的树种，称为耐修剪树种，如悬铃木、黄杨等，对这些树种，整修的树形不局限于哪一种，修剪方式应根据组景的需要及与其他树木搭配的要求而定。例如馒头柳新枝萌发力强，加长、加粗生长的速度都很快，因此既可采用其自然树形，又可整剪成球形、方形等。萌芽力、成枝力及伤口愈合能力较弱的树种，称为不耐修剪树种，如桂花、玉兰等，耐修剪性能较低，应维持自然冠形为宜，以养护性的修剪为主。

3. 根据花芽着生的部位、花芽分化期及花芽的性质确定剪整方式

在对观花、观果树种的剪整中，除应考虑生长习性、分枝规律等外，还要重视花芽着生的部位、花芽分化时期及花芽的性质。针对不同的树种，应先了解其成花习性，再制定相应的剪整措施。

春季开花的树木，花芽通常在前一年的夏秋分化，着生在一年生枝上，因此在休眠期进行修剪时，必须注意到花芽着生的部位。花芽着生在枝条顶端的，花前不能进行短截。如花芽着生在叶腋里，根据需要可在花前短截。具有腋生的纯花芽的树木在短截枝条时应注意剪口不能留花芽，因为纯花芽只能开花，不能抽生枝叶，花开过后在此会留下一段很短的干枝，如果这样的干枝过多，就会影响观赏效果。如果是观果树木，花上面没有枝叶，则会影响到坐果和果实的发育。夏秋开花的种类，花芽在当年抽生的新梢上形成，因此，应在秋季落叶后至早春萌芽前进行修剪。

4. 根据树龄树势确定剪整方式

不同树龄的树木应采用不同的修剪方法。幼年树，剪整应以培养主干、迅速扩张树冠、形成良好的冠干比为目的。观花的壮年树，盛花期可通过调节营养生长与生殖生长的关系，防止不必要的营养消耗，促使分化更多的花芽。而观叶类树木，在壮年期的修剪只是保持其树冠丰满圆润，不使它们出现偏冠或残缺。对于老树，应通过回缩修剪刺激休眠芽萌发，实现局部更新，延缓衰老进程。一般在同一树上进行逐年分期轮换更新。特别是对常绿树，由于其养分大部分贮藏在叶片中，轮换更新对树体影响较小，有利于树势复壮。

树冠更新宜在春季萌芽前进行，大伤口应削光，用2%硫酸铜等消毒，并以伤口保护剂涂封，以减少蒸发，防止病虫侵袭，促进愈合和剪口梢生长。更新枝抽生后，应注意防风，对树干下部抽生的萌蘖，不影响新树冠形成的宜适量保留，作为辅养枝。另外，针对不同的树势采用不同的修剪方法。长势旺盛的树木，适合轻剪长放，缓和树势；生长势较弱的树，则应进行重短截，以饱满芽为剪口芽，转弱为强，恢复树势。

5. 根据修剪反应选择剪整方式

不同的树种或品种对修剪的反应也不一样。即使同一品种，用同一种修剪方法处理不同部位的枝条时，其反应的程度和范围，也有较大的差异。因此，修剪反应既可检验修剪的轻重程度，也是检验修剪是否合理的重要标志。只有熟悉树种的修剪反应规律，才能做好整形修剪。修剪反应主要从两个方面观测，其一看局部表现，即剪口或锯口下枝条的长势、成花和结果情况；其二要看全树的长势强弱。

修剪反应决定于树种生长习性及枝条生长的位置、长势和姿态，修剪程度不同，修剪反应也有相应的差别。修剪时，应注意观察，选择决定，做到顺其自然、轻重得当。在园林树木的整形修剪过程中，只有充分考虑树种的修剪反应，在适当的时期采用适宜的修剪方法，才能达到预期的修剪效果。

在实际应用中，并非所有的树木剪整均要考虑以上影响因素。根据不同树种、不同目的，可灵活地把握侧重点。如要做造型剪整，则首先要考虑其分枝习性及萌芽力和成枝力的强弱，若萌芽力、成枝力强则较适合做造型修剪。如要剪整分层形的树冠，则首先要考虑其分枝规律，若树形与枝展为分

层形,则剪整就容易很多。对于观花观果的树种来说,首先考虑的就是花芽的着生部位、分化时间和花芽的性质。对于一些树势较弱的树种,则首先应考虑更新。

(二)根据树木在园林绿化中的功能需要确定剪整方式

城市中栽培的园林树木均有其各自的功能要求和栽植目的,整形修剪时应因树而异。行道树要求的主要是整齐、大方、遮阴、体现城市风貌等,在整剪上要求操作方便、风格统一。庭荫树要求枝叶浓密,树冠博大,以自然式树形为宜。孤植树,在游人众多的主景区或规则式园林中的,一般位于视觉焦点处,起着园林绿地景观的主景物作用,修剪应当精细,并结合多种艺术造型,使园林多姿多彩、新颖别致、充满生气,发挥出最大的观赏功能,以吸引游人。在游人较少的偏角处,或以古朴自然为主格调的小游园和风景区,则以保持树木粗犷、自然的树形为宜,使游人身临其境有回归自然的感觉,充分领略自然美。以观花为主的树种,应使其上下花团拥簇,满树生辉。绿篱类则应采取规则式的整形修剪,形成各种几何图案。

(三)根据园林树木的周围环境确定剪整方式

1. 根据生态环境决定剪整方式

园林树木的生长发育不可避免地受到外部生态环境的重要影响。在生长发育过程中,树木总是不断地协调自身各部分的生长平衡,以适应外部生态环境的变化。例如,孤植树生长空间较大,光照条件良好,因而树冠丰满、冠高比大;而密林中的树木因侧旁遮阴而发生自然整枝,树冠狭长、冠高比小。因此,整形修剪时要充分考虑到树木的生长空间及光照条件,通过修剪措施来调整树冠大小,以培养出优美的冠形与干体。生长空间充裕时,可适当开张枝干角度,最大限度地扩大树冠;如果生长空间狭小,则适当控制树木体量,以防过分拥挤,有碍生长、观赏。对于生长在风力较大环境中的树木,除采用低干矮冠的整形方式外,还要适当疏剪枝条,使树体形成透风结构,增强其抗风能力,防止风大时倒伏。

即使同一树种,因配置区域的立地环境不同,也应采用各异的整形修剪方式。如榆叶梅,在坡形绿地或草坪上种植时,可整为丛生式;在常绿树丛前面和园路两旁配置时,则以主干圆头形为好。桧柏在作草坪孤植树时剪整为自然式,而在路旁作绿篱时则剪整为规则式。

生长在土壤贫瘠和地下水位较高的地区的树木,主干应留低一些,树冠也相对要小。如栽植环境为盐碱地,栽植树木前一般都经过换土处理,因换土的数量有限,土层相对较薄,种植树木也应剪整成低干矮冠形,不然树木长势较差,达不到很好的观赏效果。

此外,在不同的气候带,也应采用不同的修剪手法。南方地区雨水多,空气特别潮湿,树木易感病虫害。栽培上除应加大株行距外,修剪以疏为主,增强树冠的通风和光照条件,降低树冠内部的湿度,使枝叶接受更多的阳光。干燥地区阳光充足,降雨量少,易引起干梢或焦叶,修剪就不能过重,以保持较多的枝叶,使它们相互遮阴,减少枝叶的蒸腾,保持树体内较高的含水量。东北等地冬季长期积雪,为防止雪压,应进行较重的修剪,特别是常绿树种,应尽量控制适宜的树冠体积,防止大枝被积雪压断。

2. 根据配置环境决定剪整方式

观赏树木修剪应考虑与周围环境的协调与和谐。观赏树用来点缀园林空间,其整形修剪的造型要与环境协调,或烘托主要内容以达到环境美的效果。如在规则的建筑前多采用几何形的整形式修剪,在自然的山水园中多采用自然式修剪。剪整后的植物应与周围建筑高低、格调协调一致,与草地、花坛的整体组成互相衬托,注意花果与树姿的相映成趣等,故在门厅两侧多用对称式树形,以示庄重、宁静。在高楼前选用自然式树冠,以活跃建筑物的立面构图。即使是同一个树种,栽植的环境不同,剪整的方式也各不相同。如桃花栽在湖坡上,应剪成下垂的悬崖式;种植在大门旁,最好剪成桩景式;栽植在草坪上,则剪整成自然开心式为佳。

同一树种不同栽植用途,其修剪方式也有不同。如国槐树,作行道树栽植一般修剪成杯状,作庭荫树用则采用自然式整形。桧柏作孤植树配置应尽量保持自然树冠,作绿篱栽植则一般进行强度修剪,形成规则式。榆叶梅栽植在草坪上宜采用丛生式,配置在路边则宜采用有主干圆头形。

综上所述,在园林植物的剪整过程中,需要考虑的因素很多，应根据不同的目的灵活把握。总体上应首先保证树木的健康生长，其次要调节与周围环境的矛盾，最后考虑其美化观赏效果。

四、园林树木整形修剪时期的确定

对园林树木的整形修剪，从理论上讲一年四季均可进行，在实际运用中只要处理得当，都可以收到较为满意的效果。一般对乔木、大灌木来说，休眠期树体贮藏养分较充足，修剪后枝芽量减少，贮藏营养供应相对集中，翌年新梢生长加强。地上部分冬剪促使生长素类物质增多，枝梢生长极性明显，剪口附近长梢少而强。春季萌芽后修剪，贮藏营养已部分被萌动枝芽消耗，剪口芽重新萌动，推迟生长，长势明显削弱。此外，顶芽先端优势破除后，提高了截留枝条的萌芽率，分枝级次增多。夏季修剪树体贮藏养分较少，新叶为主要的同化器官，故与冬剪比较，同样修剪量对苗木树体生长产生的抑制作用较大。所以，一般夏剪要从轻，以扭梢、摘心为主，运用得当可及时调节生长、促进花芽形成和果实生长，调整和控制树冠，有利于枝组培养。秋季，树体各器官逐步进入贮藏养分准备休眠的阶段，此期适当修剪，可紧凑树形、充实枝芽、复壮内膛，且大枝剪除后，翌春剪口反应比休眠期弱，有利于控制徒长。另外，对于绿篱和其他的整形小灌木则需要根据实际情况进行适时的修剪，以达到最佳的观赏效果。

苗木整形修剪的时期，从树体生长发育周期的概念出发，可归纳为两个，即休眠期修剪和生长期修剪。

（一）休眠期修剪

休眠期修剪又称冬季修剪，是指树体落叶休眠到翌年春季萌芽开始前进行的修剪。此时，树木生理活动滞缓，枝叶营养大部分回流到主干和根部，修剪造成的营养损失最少，伤口不易感染，所以对树木的影响较小。修剪的具体时间，要根据当地冬季的具体温度特点而定，如在冬季严寒的北方地区，为防止修剪后伤口受冻害，在早春萌芽前修剪为宜。对于耐寒性略差，需要保护越冬的花灌木，可在秋季落叶后立即重剪，然后埋土或包裹树干防寒。

对于一些有伤流现象的树种，要根据其伤流的具体时间确定修剪时间。如葡萄可在春季伤流开始前修剪，核桃应在果实采收后至叶片变黄之前修剪。

为提高新栽植树木的成活率，常常在栽植前或早春对地上部分进行适当修剪。

（二）生长季修剪

生长季修剪又称夏季修剪，是指春季萌芽后至秋季落叶前的整个生长季内进行的修剪。生长季内树木生长旺盛，枝叶量大，容易影响树体内部的通风和采光。所以此时修剪的主要目的是改善树冠的通风、透光性能。此期一般采用轻剪，以免因剪除枝叶量过大而对树体生长造成不良的影响。具体内容包括：

一是疏除冬剪截口附近萌发的过量新梢，以免干扰树形。

二是抹除嫁接口附近的无用芽，除去砧木基部萌蘖等，保证接穗健壮生长。

三是花后及时修剪残花、避免养分消耗，促进夏季开花树种的花芽分化；对于一年内多次抽梢开花的树木，如花后及时剪去花枝，还可促使新梢抽发，再次开花。

四是随时去除扰乱树形的枝条，保持观赏树形。

五是保持绿篱树形的整齐美观。

六是对常绿树夏季修剪，可避免出现冬季修剪时造成的伤口受冻现象。

五、园林树木整形修剪的方法

园林树木的主要修剪手法可以归纳为"放""疏""截""换"4种。它们在休眠期修剪和生长期修剪都会用到，只是针对的对象有所不同。在一般情况下，只要会熟练采用这4种手法，就可以大致完成各种园林树木的修剪了。

（一）放

即"长放"。在对一株树木进行修剪时，不会对该树的每一枝条都有动作，在修剪时对某些枝条放任不动就叫长放。

长放虽然是每一株树木在修剪时必然会用到的，但它必须与其他修剪手法配合运用才能发挥作用。它可以针对任何类型需要长放的枝条，例如一株原来整形比较良好的树木，在修剪时对它的骨干枝都是长放，而且基本上是永久性的长放。在树木培养树形的过程中，往往保留一些辅养枝来增加光合面积，对这些辅养枝来说，也是长放，区别只是长放的时间比较短。

长放的作用概括起来，有以下4个方面：

一是保持该枝条原来的生长势或生长方向。比如一株树的一年生枝条中，肯定有一部分无论是生长势或生长方向都符合要求的枝条，这些枝条就不必再去动它，对这些一年生枝条来说就是长放。

二是用于调节树势。如果一株树木的大枝生长势不均衡，就可以通过把强枝重剪、弱枝长放的办法取得平衡。如果一株树木的一年生枝生长势不均衡，也可以用强枝重剪、弱枝长放的办法取得平衡。但是千万注意，徒长枝不能长放。

三是培养花枝。花木树种的一部分枝条，可以通过长放培养花枝。如当年分化型的落叶花木在休眠期修剪时，可以对一些中庸性的一年生生长枝长

放。由于长放的留芽多，以后形成的新枝成枝力不强，使翌春有较多机会培养出新的花枝。又如夏秋分化型的花木在花后修剪时，可以对一些较弱的新梢长放，使它们在夏秋季节花芽分化时会形成较多的花芽。另外，有些能连续发挥作用的开花母枝或短花枝（果树上称为"果台"），可以连续多年长放形成稳定的开花基础。

四是诱导树形。由于长放保留了顶芽，使枝条能继续保持原来的方向向前延伸，所以观赏姿态的树木在整形修剪时往往会利用长放诱导树形。

长放不限季节，但在生长期采用时最好结合一定量的摘叶，这样效果会更好。

（二）疏

即"疏剪"。将一个枝条从它的分枝基部剪去叫疏剪。疏剪以后这个枝条就不存在了，能起稀疏树冠的作用（图1-3）。

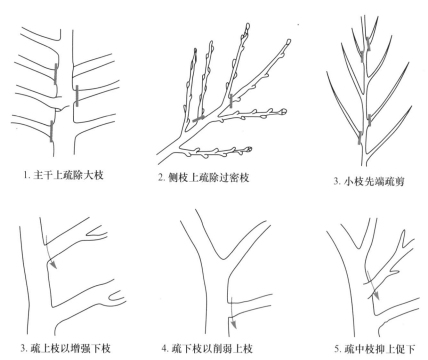

1. 主干上疏除大枝　　2. 侧枝上疏除过密枝　　3. 小枝先端疏剪

3. 疏上枝以增强下枝　　4. 疏下枝以削弱上枝　　5. 疏中枝抑上促下

图1-3　疏剪方法示意图

疏剪在"整理杂枝"时对去掉一些无效枝条是必用的手法。除杂枝外，一些有效枝条由于各种原因也往往需要疏剪。虽然总体来说疏剪会造成枝条数量的减少，减弱树木的生长势，但如果疏剪恰当，对改善树木的通风透光性有很大好处，能提高

光合作用的效率，对树木生长是有利的。所以，对生长过旺的植株或部位，就可多用一些疏剪。但是，如果一株树木疏剪较多而且过分集中，会过度削弱疏剪部位以上树体的树势。所以疏剪要注意适度，而且不能过分集中。一般疏剪量占总体10%

以下的为轻疏，10%～20% 为中疏，20% 以上为重疏。

疏剪是十分常用的一种整形修剪手法，对任何树木、任何枝条，在任何季节，只要需要都可以使用，关键就是把握好"度"。

（三）截

即"短截"，又称"截剪"。在枝条一个芽的上方将该枝条剪断叫短截。短截是充分利用顶端优势和芽异质性这两个树木特性的修剪手法，也是充分利用芽这个更新器官的修剪手法，所以落叶树木都在一年生枝条上使用，而且大多用于休眠期修剪；常绿树木则休眠期和生长期都可进行，只要枝条上有芽即可。可以这样说，短截是用途最广泛、形式最多、效果最明显、技术难度最高的修剪手法。

短截的剪口下是一个芽，这个芽就叫"剪口芽"。对常绿树种来说，剪口芽必带叶。

短截留的剪口芽是修剪希望的所在。这个希望就是指剪口芽在翌年春季能萌发出符合意愿的枝条，包括新生枝条的方向、角度、生长势三个方面，所以，剪口芽的选留宜根据需要来确定。其中最讲究技术性的就是生长势，因为这需要通过不同程度的短截来调节各枝条之间的生长关系。但是，由于短截把一年生枝条顶部的生长点除去了，所以如果想使这个一年生枝保持原来的方向延伸，那就什么短截都不能用。

短截时，由于剪去和保留的比例不同，即短截程度不同，又可分为"轻短截""中短截""重短截"和"极重短截"（图1-4）。

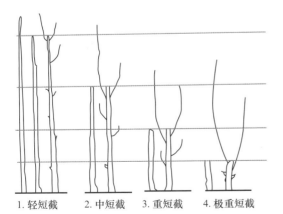

1. 轻短截　2. 中短截　3. 重短截　4. 极重短截

图 1-4　不同程度短截及截后树体反应示意图

同一年生枝条，短截程度不同，其作用完全不一样，甚至可能相反。所以说短截是技术性较强、难度较高的一种修剪手法。

1. 轻短截

指剪去一年生枝 1/3 以下（保留 2/3 以上）的短截。轻短截剪去了顶芽和少量腋芽，留下的腋芽还有不少，顶端优势下延，能促进留芽的萌发力，以后的分枝会较多；而由于留芽尚多，成枝力也不会明显加强。另外，由于轻短截对树木的刺激最小，而且剪口芽一般不是强芽，对花木的花芽分化有利。

叶类树种可以通过轻短截来调整树势，如一株树木不同部位的一年生枝条长势不平衡，可以对其中较强的枝条进行轻短截，使其在翌春萌发新枝的时候不会加强成枝力而取得平衡，这就叫"轻短截"（强枝弱剪）。

当年分化型的花木树种在休眠期修剪时，将一些营养枝进行轻短截，使它在第 2 年春萌发新枝时不会有太强的成枝力，可以减弱它的生长势，增加第 2 年花芽分化的机会。夏秋分化型的花木在花后修剪时，对一些开过花的长花枝进行轻短截，可以减少它萌发营养枝的机会，对新梢的花芽分化有利。

徒长枝需要利用时（如更新或填补空隙），既不能疏剪，又不能长放，但可以轻短截。

2. 中短截

指剪去和保留一年生枝各 1/2 左右的短截。中短截对加强局部的生长势和改变枝条方向最有利。由于中短截剪去了顶芽和约 1/2 的腋芽，留下的腋芽数量较少，按照芽的异质性原理，剪口芽及其邻近的芽原来就比较发达，以后长出的枝条虽然不多，但成枝力会明显加强。所以在进行树木的"定型修剪"时，中短截应用得多。

如果想改变一个枝条原来的方向，可以选择一个方向适宜的剪口芽进行中短截，效果会十分理想。当然这个剪口芽一定要选好，因为它关系到以后新枝条的方向、角度、是否健壮等一系列问题。

树木养护中，如果一个一年生枝条所处的部位相对较弱，有树势不平衡现象，可以用中短截加强这个弱枝，所以有"弱枝强剪"（中短截）的说法。

果树修剪上有一种"里芽外蹬"的中短截方法，在外向强剪口芽的上方有意保留一个内向弱芽（或把它剪伤），可以有效地促使新梢开张。园林树木也可以采用该方法进行特殊造型。

然而，中短截通常对枝条的花芽分化不利。所以如果原来花木的生长发育比较均衡、开花比较正常，或者不需要改变枝条的方向，最好不用中短截。

3. 重短截

指剪去一年生枝2/3以上（保留1/3以下）的短截。重短截常用于刺激生长。由于重短截剪去了顶芽和大部分的腋芽，对该枝的刺激很大，加上截后只存有基部的少数几个芽，新萌生枝条的成枝力会大大加强，甚至还会使休眠芽或不定芽萌发，因此在一年生枝长势明显不平衡时可以针对弱枝采用，也是"弱枝强剪"的方法。但因为重短截后剪口芽的作用不一定能如愿，有时不定芽或休眠芽萌发的枝条反而会占优势，容易造成树形混乱，所以没有中短截稳妥。

如果重短截时留得特别短，把所有较明显的芽都剪去了，则叫"极重短截"。极重短截和过度的重短截都有抑制生长和激活休眠芽的双重作用，较难掌握。园林树木的修剪一般不用极重短截。

由此可见，在园林树木的养护修剪中，轻短截用得最多，中短截次之，重短截慎用。

短截和长放结合使用，对树木整形很有效，而且可尽量减少对树体生长的抑制作用。如两个生长不平衡的一年生枝，为了平衡，可以将强的轻短截，将弱的长放；也可以将弱的中短截或重短截，将强的长放。

短截还有一种特殊手法叫"带帽剪"，利用了一年有多次生长的树种在春、秋梢交接处有"盲节"的特点。比如要求一个一年生枝条既予以保留又不过分生长，可以在休眠期将这个枝条在盲节以上处剪断，因为盲节处很少有芽，即使有芽也很弱。盲节好比是给剪后的枝条戴上一个"帽子"，这样就能达到保留枝条又不过分生长的要求了。

小贴士：关于短截的几个误区

误区1 "对多年生枝进行短截。"这是概念上的混淆。因为不管什么短截都要有剪口芽，而多年生枝一般没有芽，它不应该称为短截。所谓"对多年生枝进行短截"，应该明确称为对多年生枝的"回缩"（或"更新"），它属于"换头"修剪手法。

误区2 "对顶芽开花的不能短截，腋芽开花的要多短截。"这句话看起来似乎有道理：短截后顶芽没有了，顶芽开花的就开不成了；而腋芽开花的呢，因为短截后顶端优势下延，是有利于留芽的开花了。实际上，应该先要看说的是"什么时候短截？"和"对什么枝条短截？"以上说法，只适用于部分花木的花前修剪（即花芽分化已经完成以后的修剪）。如果是夏秋分化型的花后修剪或当年分化型的休眠期修剪，此时它们的新梢还没有发生（最多刚刚生长），这时的关键问题是需要预见"什么样的新梢以后能形成花芽？"不管是顶芽开花还是腋芽开花，短截都是要用的，只是针对的对象不同。另外，还有相反的情况：如梅、桃都是叶腋处开花，在花后修剪时，对它们的短花枝一般都不能短截。牡丹、八仙花都是枝顶开花，在秋冬季修剪时，对腋芽已分化成混合芽的枝条，恰恰都要短截。

误区3 "短截时如果把花芽作为剪口芽是犯了花木修剪的大忌。"这句话对于腋生纯花芽树种的花前修剪完全正确，但对夏秋分化型的花后修剪和当年分化型的冬季修剪则不适用，因为这两种修剪在进行时花木的花芽分化均未开始，又哪来的花芽作为剪口芽呢！

（四）换

即"换头"，果树修剪上称"转主换头"，常用在主枝修剪上。园林树木的修剪将它推而广之，凡把一个枝条的延长枝或一个枝组的带头枝剪去，以剪口下的分枝代替剪去部分的手法叫换头。

换头的剪口下必须是一个它下一级的枝条（至少是二次枝），称为"剪口枝"。换头能以弱换强，也能以强换弱。以弱换强称为"回缩"或"缩剪"（图1-5），以强换弱称为"复壮"或"更新"。换头主要起调节生长势的作用，也有改变枝条（或枝组）生长方向的作用。

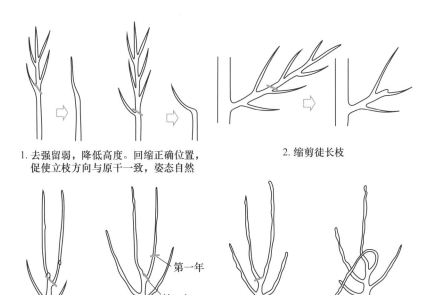

1. 去强留弱，降低高度。回缩正确位置，促使立枝方向与原干一致，姿态自然

2. 缩剪徒长枝

第一年

第二年

3. 弱竞争枝一次缩剪；强竞争枝两次缩剪

4. 竞争枝强于主枝则换头；两枝均强择一弯枝

图1-5　缩剪方法示意图

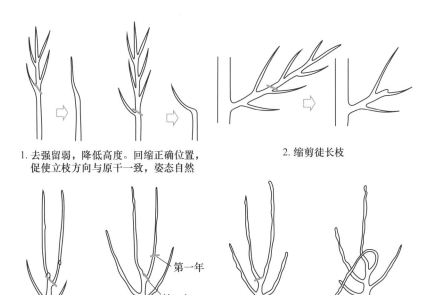 换头用来回缩较为普遍。根据回缩对象、季节和程度的不同，回缩又可分为以下三类。

1. 对一、二年生枝的回缩

主要用于抑制一、二年生枝的生长势或改变其生长方向。对一年生枝的回缩必须具有二次枝，无论在休眠期和生长期均可进行，选留一个符合要求的二次枝作剪口枝，把该二次枝以上的当年生枝剪去。对二年生枝的回缩，如果是在休眠期，选择一个一年生枝作剪口枝，在其上方把二年生枝的延长枝剪去；如果是在生长前期，一年生枝上开始萌发新梢（即一年生枝刚过渡到二年生枝），则选择一个新梢作为剪口枝，在其上方把这个新的二年生枝剪去，这在花木树种上主要用于花后修剪。

2. 对枝组的回缩

枝组上的枝条通常以本身的延长枝或分枝中的带头枝为强枝，要进行回缩时，选择一个较弱的分枝作剪口枝，把延长枝或带头枝剪去。这种换头有压缩该部位生长势的作用，在整形中特别是在枝组的修剪中经常使用。

3. 对多年生枝的回缩

一株树木如果多年不修剪，或者多年不恰当地修剪，会使整个树形出现问题，特别以生长势不均最为普遍，而且往往是"强者愈强、弱者愈弱"。

这时只回缩一、二年生枝是不起作用的，必须对一些大枝进行回缩，即将强的多年生枝在一个弱分枝的上方截断（用手锯），才能起到调节作用。所以叫"强枝强剪（重回缩）、弱枝弱剪（轻回缩或不回缩）"。

可见，适度的回缩在休眠期修剪和生长期修剪时都会用到，由于季节、对象的不同，其作用的大小也不同，但抑制生长的作用是相同的，所以要注意适度。此外，重度的回缩（如对多年生大枝的回缩）一般是不用的。

相对来说，换头用于复壮更新的较少，局部复壮更新的方法是把已经衰弱的延长枝或枝组中的带头枝剪去，选择强壮的分枝作剪口枝，以恢复该部位的生长势。

整株树木的更新，要针对属于骨架枝的多年生枝进行，此时截口下如果没有强枝可留，宁可不留枝，也不能留弱枝，可把希望寄托在不定芽的萌发上。

对多年生枝回缩和更新，截口面积都比较大，所以，除了需要在休眠期进行外，还要注意截口尽可能平整，并在截口上涂抹防腐剂。

（五）辅助修剪手法

除长放、疏剪、短截、换头等主要修剪手法

外，还有不少各有不同作用的修剪手法，比如切根、剥芽、去蘖、摘心、环剥、刻伤、扭梢、拿枝、弯枝、摘叶、摘蕾、摘果等辅助修剪手法。辅助修剪手法大部分都在树木的生长期使用。

1. 切根

切根是对根系的修剪。切根在移植前经常使用，目的是确保移植成活。本小节介绍在树木养护中属于修剪范畴的切根。

切根有明显的削弱生长和刺激生长的双重作用。园林中有些树木需要控制树冠在一定的冠幅内，生长不能过盛，有时仅靠地上部分的修剪不一定能解决问题，而且修剪不当还会适得其反，这时可以用切根来抑制，这就是切根所具有的削弱作用。有时树木又有生长过弱或常年不开花的现象，这往往是根系发育不良的缘故，也可以用切根来刺激。这正反两方面，都是树木根系与地上部分动态平衡理论在实践中运用的实例。

削弱作用的切根在生长后期进行，使根内贮存的营养物质明显减少，从而抑制下一年树冠部分的过旺生长。刺激作用的切根要在休眠期进行，最好是早春，这时新根正要萌发，切根后可以迅速萌发新根，改善根的吸收功能，同时有足够的时间使伤口愈合。

切根不是每年进行的，只有在需要的时候才进行。名贵树木的切根不是一次完成的，切一个圆周的根至少需分两年以上（两两相对），以免发生意外，而且以后要保持数年不再切根。

2. 剥芽

在萌芽前将确属多余的芽剥去。剥芽能减少树体内养分的无谓消耗，从而加强留芽的养分供应，具有伤口小、愈合快、操作简便的特点。在树木枝条过密或者有意加强某些芽时，剥芽是简单又有效的方法。由于芽属于外起源，着生并不牢固，所以剥芽一般都是徒手进行的。

剥芽要留有余地，确实有把握时再进行"定芽"，以防止留下的芽有机械损伤或不萌发而造成缺芽。剥芽要早，不能伤及枝条的皮层。

3. 去蘖

又名"除梢"。将一部分无用的"蘖"除去，去蘖的作用类似剥芽。

"蘖"是指刚萌发的嫩梢，其中主要是"萌蘖"，即由茎上的不定芽或少量休眠芽在受到刺激后萌生的嫩梢。另外还有"砧蘖"和"根蘖"，砧蘖是嫁接苗的砧木上萌生的，根蘖是由树木的根际萌生的。除了作为辅养枝或填补空档等特殊情况外，多数蘖是无用的，并且浪费养分，所以都要除去。

在修剪工作中，往往把无用的嫩梢也同时除去，所以去蘖泛指除去所有无用的嫩梢。此外，去蘖常与剥芽配合，剥芽时留有余地是因为留下的芽不一定能全部萌发，但如果留下的芽萌发率很高、新梢过多，就必须再进行去蘖了。

去蘖可以徒手操作，但如果操作迟了，新梢已经半木质化，就要用剪刀，这实际上成了对新梢的疏剪。

4. 摘心

摘去新梢的一部分顶端（一般 2～5 cm 长），称为摘心。摘心好比是对新梢的短截。摘心有生长早期摘心和生长中后期摘心两种。生长早期摘心，可以促使新梢及早分枝。生长中后期摘心，主要是抑制新梢的继续伸长。摘心以后的新梢本身不再延伸，而是否分枝，除了与摘心早晚有关外，还与树种是否有多次生长以及顶端优势的强弱密切相关。比如有多次生长的树种，即使是在生长中后期摘心，也极有可能再次发生分枝。

生长前期的摘心可徒手进行，生长后期的摘心一般要动用剪刀。摘心在树木定型时用于培养骨架枝，在许多整形方式中都会用到。对有些花木来说，摘心还有延缓花期的作用，如紫薇。

5. 环剥

即"环状剥皮"。在枝条的某一部位环状剥去宽 2～10 mm（或枝径的 1/10）的树皮。

树皮是个通俗的名称，树皮包括了韧皮部，所以环状剥皮实际上是除去枝条上包括韧皮部在内的外围组织。操作时用刀环切至木质部两圈，然后小心地取下中间部分。环剥的作用是暂时阻断环剥部位以上的有机养分向下输送，所以都在生长期采用。环剥不能剥得过宽，以使其在生长后期能得以恢复。

环剥既具加强作用，也有削弱作用，区别在于环剥的部位。比如在一个果的下方环剥，能加强该果发育；而在果的上方环剥，反而削弱该果发育。枣树是环剥用得最普遍的一个树种，它的环剥一般在主干上进行。

要注意，伤流旺的树种和易流胶的树种不宜进行环剥。

6. 刻伤

即用刀在枝条某个部位刻至木质部。刻伤有"横刻"和"纵刻"两种，作用完全不同。

横刻是在枝条适当部位横刻一圈，不需取下树皮，由于愈合较快，作用与环剥相似而没有环剥明显。但如果刻得较深，即切断了一部分木质部，就与环剥不同了，它可以暂时阻止根系养分的向上运输，对促使刻伤部位下方的不定芽萌芽有作用，有萌生新枝的希望，特别对"光腿"树的治疗有好处。

纵刻是在枝条上适当部位纵刻一刀，能促使枝条该部位的增粗。同样，在需要抑制过旺生长时，也可以用较深的纵刻来缓和养分的运转，这在果树上叫"开甲"。总之，纵刻的作用与环剥是完全不同的。刻伤操作需用锋利的小刀，手法比较简单。

要注意，伤流旺的树种和易流胶的树种不宜进行刻伤。

7. 扭梢和拿枝

在生长季内，对于生长过旺的枝条，特别是枝背旺枝，将其中上部扭曲使其下垂称为扭梢，将新枝折而不断则为拿枝。扭梢与拿枝是伤骨不伤皮，目的是阻止水分、养分向生长点输送，削弱枝条长势，利于花枝的形成。

8. 弯枝

通过改变枝条生长方向来控制枝条长势、合理分布空间的方法称为弯枝。如曲枝、拉枝、抬枝等，通过改变枝条生长方向和角度，使顶端优势转位、加强或削弱。将直立生长的背上枝向下曲成拱形时，顶端优势减弱，枝条生长转缓；下垂枝因向地生长，顶端优势弱，枝条生长不良，可抬高枝条，使生长势转旺。

弯枝通常结合生长季修剪进行，对枝梢施行屈曲、缚扎或扶立、支撑等技术措施。直立诱引可增强生长势；水平诱引具中等强度的抑制作用，使组织充实易形成花芽；向下屈曲诱引则有较强的抑制作用，但枝条背上部易萌发强健新梢，须及时去除，以免适得其反。

9. 摘叶

主要作用是改善树冠内的通风透光条件，提高观果树木的观赏性，防止枝叶过密，减少病虫害，同时起到催花的作用。如丁香、连翘、榆叶梅等花灌木，在8月中旬摘去一半叶片，9月初再将剩下的叶片全部摘除，在加强肥水管理的条件下，可促

其在国庆节期间二次开花。而红枫的夏季摘叶措施，可诱发红叶再生，增强景观效果。

10. 摘蕾

实质上为早期进行的疏花、疏果措施，可有效调节花果量，提高存留花果的质量。如杂种香水月季，通常在花前摘除侧蕾，而使主蕾得到充足养分，开出漂亮而肥硕的花朵；聚花月季，往往要摘除侧蕾或过密的小蕾，使花期集中，花朵大而整齐，观赏效果增强。

11. 摘果

摘除幼果可减少营养消耗、调节激素水平，枝条生长充实，有利花芽分化。对紫薇等花期延续较长的树种栽培，摘除幼果可延长花期；如不是为了采收种子，丁香开花后也需摘除幼果，以利来年依旧繁花。

六、园林树木的整形方式

（一）自然式整形

在园林绿地中，自然式整形操作比较简单，因此是最常用的整形方式。

自然式整形的基本方法是利用各种修剪技术，按照树种本身的自然生长特性，对树冠的形状作辅助的调整和促进，使之早日形成自然树形。对由于各种因素而产生的扰乱生长平衡、破坏树形的徒长枝、内膛枝、并生枝以及枯枝、病虫害枝等，均应加以抑制或剪除，注意维护树冠的匀称和完整。自然式整形符合树木本身生长发育习性，因此常有促进树木生长良好、发育健壮的效果，并能充分发挥该树种的树形特点，提高观赏价值。庭荫树、园景树和有些行道树多采用自然式整形。常见的自然式整形有如下几种。

1. 中央领导干形

中央领导干形又称单轴中干形，在强大的中央领导干上配列疏散的主枝。适用于单轴分枝的叶木类乔木，如青桐、银杏及松柏类乔木等。这类树木整形的关键是自始至终要突出主干、中干、主梢这一轴心，成为"中央领导干"，让其充分发挥领导作用。依据分枝点的高低分为高位分枝中央领导干形（以银杏的播种苗、杨树等为代表）和低位分枝中央领导干形（以雪松、龙柏为代表）。高位分枝中央领导干形的分枝点较高，一般在3 m以上。定型修剪采用"先养干，后定枝"的方法，即着重

培养端直主干，逐年保留和淘汰分枝点以下的一部分辅养枝，使树冠部分的厚度始终占据全株高度的2/3左右。当生长高度达到需要的整形带后，要选留好中干上的主枝，除去主枝以下的所有枝条，同时继续维护好中央领导干这一"轴心"。低位分枝中央领导干形的分枝点很低，并且越低越美。定型修剪采用"边养干，边定枝"的方法，即从初期开始既要培养好中央领导干，又要培养好主枝和次级主枝。

2. 多领导干形

多领导干形又称合轴中干形，适用于合轴分枝中顶端优势较强的叶木类乔木。这类树木主干明显，但其干性先强后弱，萌芽力、成枝力较强，强壮的枝条较多，但2～3年后中干延伸枝的优势会逐渐减弱，与主枝的生长势相仿，不再成为中央领导干。在树冠的中心部分往往有3～5个分枝角度较小的主枝集体代替中央领导干的生长，或与中央领导干一起往上生长，从属关系不明确。多领导干形在苗期要"先养干，后定枝"，主干高度不够而又过分发达时必须剪去强枝，保留弱枝作辅养枝，以促使主干长直，同样使树冠部分的厚度始终占据全株高度的2/3左右。整形带一般在2 m以上，当到达整形带的若干主枝确定后，如果中干过分发达而影响了主枝生长（树体高而瘦），则需截去中干延伸部分，如果中干优势已经失去，则可任其自然发展或消亡。如香樟、女贞、榆、枫杨等。

3. 多枝闭心形

相对于开心形而言，多枝闭心形整形的树冠内部充实。多枝闭心形适用于枝条较多、树冠较充实的花木类小乔木或灌木。整形方法也是"先养干，后定枝"，中干一般不发达，可以保留，或者在长到一定阶段后（副主枝发生）再人为除去。这类树木往往枝条较多，成枝力强，枝条级次不清，所以定型时以疏剪密枝为主。枝距可适当小些，树冠内部充实，不讲究层次，整形要求不高，树形端正即可。如石榴、木槿、桂、山茶等。

（二）人工式整形

为满足园林绿化中的特殊要求，有时需人为地将树木整形成各种规则的几何形体或不规则的各种形体。几何形体的整形是以几何形体的构成规律为依据来进行的，如要剪成正方形树冠，应

先确定每边的长度，球形树冠应确定半径等。非几何形体的整形包括垣壁式整形和雕塑式整形两类。垣壁式整形是为达到垂直绿化墙壁的目的而进行的整形方式，在欧洲的古典式庭园中较为常见，有U字形、肋骨形、扇形等。雕塑式整形根据整形者的意图创造形体，整形时应注意与四周园景的协调，线条勿过于繁琐，以轮廓鲜明简练为佳。

人工式整形是与树种本身的生长发育特性相违背的，总体上不利于树木的生长发育，而且一旦长期不剪，其形体效果就易破坏，所以在具体应用时要全面考虑应用空间、养护技术、保障条件等。

（三）混合式整形

在自然树形的基础上，结合观赏和树木生长发育要求而进行的整形方式为混合式整形。

1. 杯状形

杯状形是俗称"三杈六股十二枝"的骨架枝分布形式，即枝条为三大主枝六个侧枝十二个小侧枝。整形是要"先养干，后截干定枝"，首先培养好端直的主干，达到整形带的高度（一般2.8～3.5 m）要求后，确定主枝并截去中干，以后确定侧枝后截去主枝延长枝，再确定小侧枝后截去侧枝延长枝，依此类推（图1-6）。杯状形树冠内不允许有直立枝、内向枝的存在，一旦出现必须剪除。此种整形方式适用于城市落叶行道树，尤以悬铃木的整形最为常见。

2. 自然开心形

由杯状形改进而来，此形亦无中心主干，但分枝点更低，3个主枝分布有一定间隔，自主干上向四周放射而出，中心又开展，故为自然开心形。但主枝分枝不为二杈分枝，而为左右相互错落分布，因此树冠不完全平面化，并能较好地利用空间。此形一般适于干性弱、枝下垂的树种，其特点是各主枝层次不明显，树冠纵向生长弱，树冠小，透光条件好，有利于开花结果。在园林中的碧桃、榆叶梅、石榴等观花、观果树木修剪时往往采用此树形。

三主枝多头开心形树冠如图1-7所示。

3. 无领导干形

无领导干形又称中干形，适用于合轴分枝或假二杈分枝中顶端优势较弱的叶木类乔木。此类树木是乔木中干性最弱的，有主干，但往往易于弯曲或

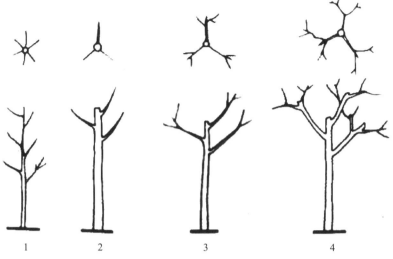

图 1-6　杯状形树冠剪整过程

1. 按照需要的定干高度剪梢定干。　2. 在主干上选取 3 个不同方向的枝条进行短截，剪口下方留侧芽。在生长期内及时抹芽，促进三大枝生长。　3. 休眠期在每个主枝上选取 2 个方位好的侧枝短截，形成 6 个小枝。夏季注意摘心控制生长。

4. 未来再在 6 个小枝上各选取 2 个枝条短截，从而形成"三杈六股十二枝"骨架

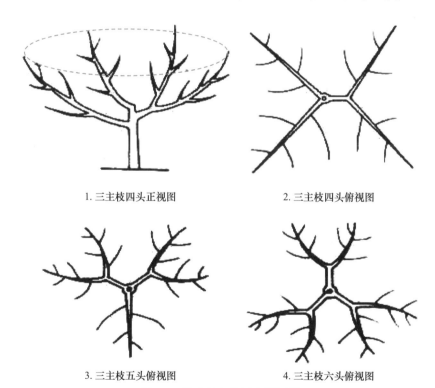

1. 三主枝四头正视图　　　　　　　　2. 三主枝四头俯视图

3. 三主枝五头俯视图　　　　　　　　4. 三主枝六头俯视图

图 1-7　三主枝多头开心形树冠

低处分枝，中干会很快失去优势。由于萌芽力、成枝力强，强壮枝条不多，且分枝角度偏大，要注意选留分枝点高、方位角好的枝条，并且要拉大枝距，力求自然。采用"先养干，后定枝"的方法，整形带一般 2 m 以上，在未到整形带时要逐年适量保留和淘汰分枝点以下的辅养枝。此种整形常见的

树种有合欢、苦楝、无患子等。

4. 灌丛形

适用于枝条较多较长、树体不大的灌木，如迎春、连翘、锦带、蜡梅、云南黄馨等。每灌丛自基部留主枝 10 余个，每年新增主枝 3~4 个。剪掉老主枝 3~4 个，促进灌丛的更新复壮。

5. 攀缘形

属于垂直绿化栽植的一种形式，适用于各类藤本树种，包括叶木和花木，常见于葡萄、紫藤、凌霄、蔷薇等。有棚架式、门廊式、附壁式、篱垣式、垂挂式、柱干式等。先建各种形式的棚、架、廊、亭，种植藤本树木后，按生长习性加以剪整和牵引。

上述三类整形方式，在园林应用中以自然式最多，既省人力、物力又易成功。其次为自然与人工混合式整形，它比较费工，需适当配合其他栽培技术措施。对于人工式整形，一般而言，由于很费人工，且需具有较熟练技术水平的人员才能修整，故常根据特殊美化要求应用。

七、园林树木整形修剪的美学原理

园林树木在外界自然环境因子的影响下，经过长期自然选择，才能筛选出美丽的自然造型，而通过人工修剪，不仅可以短期内创造各种优美造型，而且可以根据个人喜好和美学原理创造各种自然形体、飞禽走兽或规则的几何图形。人工造型要遵循艺术构图的基本原则，如在统一的基础上，寻求灵活的变化；在调和的基础上创造出对比的活力，使树木景观富有韵律与节奏；使用正确的比例、尺寸，讲究造景的均衡与稳定，具有丰富的比拟与联想等。

（一）统一与变化

观赏树木是用来绿化园林空间的，其造型要与环境取得统一协调，或起烘托作用，如在自然的山水中采用自然式修剪，在规则的园地中采用规则式修剪。造型植物在应用中要根据地形、环境特点等，在绿地中构成的几何图案单元基本统一，但各个单元的布置可以有各种各样的变化。

（二）调和与对比

观赏树木自然形态各不相同，环境空间也形状各异，修剪成球形放在方形平台上，形象对比较强；修剪成球形放在圆形平台上，形象对比调和。如强调对比的环境，就采用对比的手法进行修剪；如强调调和的环境，就采用调和的手法进行修剪。对于几何模纹造型，如几何图案、文字等造型，要体现造型的艺术性，合理选择和搭配各种植物材料。

（三）韵律与节奏

通过观赏树木的整形修剪可创造无声的音乐，创造具有韵律与节奏变化的树木形体艺术感。如上下球状枝的修剪就是具有简单韵律的表现，上下前后大小枝条的变化具有交替韵律的变化，螺旋形上下有规律的修剪即形成交错韵律的变化。绿篱最常见的修剪形式是"平直式"，即顶面平坦，侧面垂直，断面呈长方形或稍成梯形，如把其修成"城垛式""波浪式"，就更具有了韵律感。

（四）比例与尺度

植物的本身与环境空间也存在长、宽、高的大小关系，即比例。观赏树木本身，宽与高的比例不同，给人感受就不同，可根据不同目的，采用相应的宽高比例，如：1:1 具有端正感，1:1.618 具有稳健感，1:1.414 具有豪华感，1:1.732 具有轻快感，1:2 具有俊俏感，1:2.36 具有向上感。尺度是人常见的某些特定标准之间的大小关系。在大空间里的观赏树木修剪要保持较大的尺度，使其有雄伟壮观之感。在比较小的空间里，树木的修剪要保持较小的尺度，使其有亲切感。在中等大小的空间里修剪的观赏树木，尺度要适中，使其有舒适之感。对于象形植物造型，更要注重植物形态各个组成部分的比例与尺度，如果比例与尺度控制不恰当，艺术感就难以凸显出来。

（五）均衡与稳定

整形修剪后的观赏树木，要给人们留下均衡稳定的感受，必须在整形修剪时保持明显的均衡中心，使各方都受此均衡中心的控制。如要创造对称均衡就要有明确的中轴线，各枝条在轴线两边完全对称布置。如是不对称均衡，就没有明显的轴线，各枝条在主干上自然分布，但在无形的轴线两边要求平衡。稳定是说明观赏树木本身上下或两株树相对的关系，它是受地心引力控制的。

从体量上看，上大下小，给人以不稳定感，下大上小则显得稳定；从质感上看，上方修剪细致，下方修剪粗犷就显得稳定。整形修剪后均衡稳定的造型，会给人们带来安定感和自然活泼的微妙力量。

（六）比拟与联想

比拟与联想是中国的传统艺术手法，包括拟人、拟物两种，将观赏树木修剪成古老的自然形，会给人们带来古雅之感；修剪成各种建筑、雕塑、动物及各种几何体，就可以创造比拟的形象，如大象、龙、飞机、塔、卡通人物等造型。

八、园林树木整形修剪应注意的问题

（一）剪口与剪口芽处理得当

枝条被剪截后，留下的伤口称为剪口（图1-8）。

距剪口最近的芽称为剪口芽。枝条短剪时，剪口可采用平剪口或斜剪口。平剪口位于剪口芽顶尖上方，呈水平状态，小枝短剪中常用。斜剪口呈45°斜面，从剪口芽的对侧向上剪，斜面上方与剪口芽尖齐平或稍高，斜面最低部分与芽基部相平，这样剪口伤面较小，易于愈合，芽可得到充足的养分与水分，萌发后生长较快。疏剪的剪口应与枝干齐平或略凸，有利于剪口愈合。

剪口芽的方向、质量决定新梢生长方向和枝条的生长势（图1-9）。选择剪口芽应从树冠内枝条分布状况和期望新枝长势的强弱考虑，需向外扩张树冠时，剪口芽应留在枝条外侧，如欲填补内膛空虚，剪口芽方向应留内。对生长过旺的枝条，为抑制它生长，以弱芽当剪口芽；扶弱枝时选留饱满的壮芽为剪口芽。有些对生叶序的树种，它们的侧芽是两两对生的，为了防止内向枝过多影响树形的完美和通风透光，在短截的同时，还应把剪口处对生芽朝树冠内膛着生的芽抹掉，如蜡梅、水曲柳、美国白蜡等。

1. 正确：平行于芽上方5～10 mm，生长后枝条较直且平滑

2. 错误：反向大斜剪口，枝上易留下尖桩

3. 错误：远离芽平剪口，枝上易留下平桩

4. 错误：近芽平行剪口，剪后芽易枯死

图1-8　正确和错误剪口的位置示意图

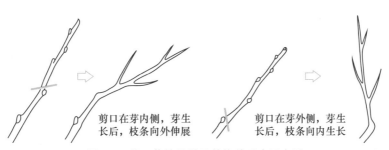

剪口在芽内侧，芽生长后，枝条向外伸展

剪口在芽外侧，芽生长后，枝条向内生长

图1-9　剪口芽的位置及其修剪反应示意图

此外，呈垂直生长的主干或主干枝，由于自然枯梢等原因，需要每年修剪其延长枝时，选留的剪口芽方向应与上年留芽方向相反，保证枝条生长不偏离主轴。剪口芽与剪口距离一般在0.5～1 cm，过长则水分养分不易流入，芽上段枝条易干枯形成残桩，雨淋日晒后易引起腐烂。剪口距芽太近，因剪口的蒸腾使剪口芽易失水干枯，修剪时机械挤压也容易造成剪口芽受伤。剪口距剪口芽的距离可根据空气湿度决定，干燥地区适当长些，湿润地区适当短些。

（二）粗枝剪截防劈裂

对较粗大的枝干，回缩或疏枝时常用锯操作。如果从上方起锯，锯到一半的时候，往往因为枝干本身重量的压力造成所锯枝干劈裂。如果从枝干下方起锯，可防枝干劈裂，但是因枝条的重力作用夹锯，操作困难。因此，在锯除大枝时，正确的方法是采用分步作业法（图1-10）。

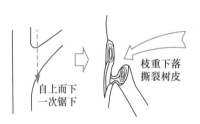

1. 错误：自上而下一次锯下，极易造成枝干劈裂

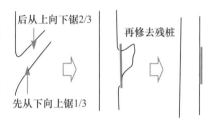

2. 正确：先锯枝下再锯枝上然后锯残桩，分步实施，既安全又显美观

图1-10　大枝锯除方法示意图

首先从枝干基部下方向上锯入深达枝粗的1/3左右时，再从上方锯下，则可避免劈裂与夹锯。大枝锯除后，再锯除残桩。留下的锯口较大而且表面粗糙，因此应用利刀修削平整光滑，以利愈合。同时涂抹防腐剂等，防止腐烂，保护伤口。

（三）注意剪锯口保护

在锯除较大的枝干时往往造成伤面较大，雨淋或病菌侵入后导致伤口腐烂。因此，在锯除树木枝干时，锯口一定要先修理平整，然后用2%的硫酸铜溶液消毒，再涂保护剂，起防腐、防干和促进愈合的作用。常用效果较好的保护剂有保护蜡和豆油铜素剂两种。

1. 保护蜡

用松香2.5 kg、蜡黄1.5 kg、动物油0.5 kg配制。先把动物油放入锅中加温火，再将松香粉与蜡黄放入，不断搅拌至全部熔化熄火，冷却后即成。使用时用火熔化，蘸涂锯口。熬制过程中注意防止着火。

2. 豆油铜素剂

用豆油1 kg、硫酸铜1 kg和熟石灰1 kg制成。将硫酸铜与熟石灰加入豆油中搅拌，冷却后即可使用。

（四）根据园林树木特点正确选择修剪时期

园林树木的整形修剪，从理论上讲一年四季均可进行，但正常养护管理中的整形修剪，主要在休眠期与生长期两个时期集中进行，少数树种也可以随时修剪。

1. 休眠期修剪（冬季修剪）

休眠期（冬季）是大多落叶树种的修剪时期，冬季修剪宜在树体落叶休眠到翌年春季萌芽开始前进行。此期内树木生理活动缓慢，枝叶营养大部分回归主干、根部，修剪造成的营养损失最少，伤口不易感染，对树木生长影响较小。修剪的具体时间，要根据当地纬度及冬季的具体特点而定，如在冬季严寒的北方地区，修剪后伤口易受冻害，要以早春修剪为宜，一般在春季树液流动约2个月的时间内进行。而一些需保护越冬的花灌木，应在秋季落叶后立即重剪，然后埋土或包裹树干防寒。

对于一些有伤流现象的树种，如槭类、四照花、葡萄等，应在春季伤流开始前修剪，可减少养分损失。伤流是树木体内的养分与水分在树木伤口处外流的现象，流失过多会造成树势衰弱，甚至枝条枯死。有的树种伤流出现得很早，如核桃，在落叶后的 11 月中旬就开始发生，最佳修剪时期应在果实采收后至叶片变黄之前，且能对混合芽的分化有促进作用；但如为了栽植或更新复壮的需要，修剪也可在栽植前或早春进行。

2. 生长期修剪（夏季修剪）

生长期修剪可在春季萌芽后至秋季落叶前的整个生长季内进行，此期修剪的主要目的是改善树冠的通风透光性能，一般采用轻剪，以免因剪除大量的枝叶而对树木造成不良影响。对于发枝力强的树木，应疏除冬剪截口附近的过量新梢，以免干扰树形；嫁接后的树木，应加强抹芽、除蘖等修剪措施，保护接穗的健壮生长。对于夏季开花的树种，应在花后及时修剪，避免养分消耗，以促进来年开花；一年内多次抽梢开花的树木，应在花后剪去花枝，促成新梢的抽发，再现花期。观叶、赏形的树木，夏剪可随时进行，去除扰乱树形的枝条，因冬季修剪伤口易受冻害而不易愈合，故修剪宜在春季气温开始上升、树枝开始萌发后进行。根据常绿树种在一年中的生长规律，可采取不同的修剪时间及强度。针叶常绿树由于树脂较多，一般适宜在春秋两季修剪，春季更好于秋季；阔叶常绿灌木适宜性很强，春、秋、梅雨季节均可修剪；部分常绿阔叶乔木，如香樟、石楠、杜英、山毛榉等，一般适宜在春季修剪。

（五）注意落叶树和常绿树在修剪时期上的差别

冬季落叶树地上部分停止生长，养分大多会流到主干和主枝，此时修剪养分损失少，伤口愈合快。而常绿树的根与枝叶终年活动，虽然冬季新陈代谢相对较弱，但养分不能完全用于贮藏，剪去枝叶时会造成大量养分损失。同时，由于冬季气温较低，剪去枝叶还有冻害的危险，所以冬季修剪会严重影响常绿树的长势。

（六）安全使用合适的器械工具

使用前应检查上树机械和折梯各个部件是否能正常工作，防止事故发生。上树操作时要有安全保护设施。在高压线附近作业时，要特别注意安全，必要时请供电部门配合，避免触电。行道树修剪时，有专人维护现场，以防锯落大枝砸伤过往行人和砸坏车辆。

九、园林树木整形修剪常用工具

园林树木种类繁多，其培养目的和整形修剪方式各有不同。为达到良好的整形修剪效果和提高工作效率，需要使用得心应手的修剪工具。常用的工具主要有剪、锯、刀、梯子和保护用品等。

（一）剪

修剪中常用的剪有圆口弹簧修枝剪、直口弹簧修枝剪、高枝剪、整篱剪和残枝剪等。

1. 圆口弹簧修枝剪

适于剪截花木及果木类直径在 3～4 cm 及以下的枝条。使用时根据枝条粗细开合剪口大小，用力修剪时要注意顺着圆形切刀方向推动枝条，协助完成修剪动作。

2. 直口弹簧修枝剪

适于夏季剪除顶芽或疏去幼龄花果、嫩梢等未木质化的小枝条。

3. 高枝剪

当需要修剪的树木枝条位置过高，用普通修枝剪不能完成修剪动作时，可用高枝剪剪除多余的枝条，以避免高空作业。

4. 整篱剪

适用于绿篱、球形树的修剪。

5. 残枝剪

刀刃在外侧，可以从基部剪掉残枝，使切口整齐。

（二）锯

当树枝或树干粗大时，一般的修枝剪不能将其截断，此时需要用手锯或电动锯等来完成锯除工作。

1. 手锯

适用于直径 10 cm 以下粗大枝条的剪截。锯条薄而硬，锯齿细而锐利，锯长 25～30 cm。

2. 汽油链锯

当需要修剪粗壮的树干或绿篱时，使用汽油链锯可以使操作简便，减轻劳动强度。可根据修剪树木枝条的粗细选择适当型号。

3. 高枝锯

用于锯除位置较高的粗壮枝条。手动高枝锯较安全，以电池或燃油作动力的高枝锯危险性较大，使用时应特别注意。

4. 电动锯

当枝条较粗或为提高工作效率时，使用电动锯可以使操作简便，减轻劳动强度。

（三）刀

在幼树整形时，为促使剪口下芽的萌发，可用锋利小刀在芽位上方刻伤。当锯口或伤口需要修整时，可用锋利的刀具将伤口削平滑以利愈合。在树木造型时，可用芽接刀等嫁接新芽以促及早成型。

（四）绿篱修剪机

绿篱修剪机一般以充电电池为电源，具有体积小、重量轻、移动方便、噪声小等优点，主要用于绿篱植物的修剪，有旋刀式和往复式两种类型。

（五）梯子或升降车

当需要对高大树体上部或顶端进行修剪时，可用梯子或升降车将工作人员送到所需高度。但使用前应检查各个部件是否灵活，有无松动，同时工作人员还要系好安全带或安全绳，以免发生意外。

（六）其他辅助工具

1. 草耙

用来收集修剪下的枝条和落叶等。

2. 绳子

在进行树冠调整时需要用绳子牵引枝条的位置或开张角度，以达到理想树形。

此外还要配备工作服、安全帽、手套等必要的劳保用品。

十、园林树木整形修剪的程序

1. 对修剪对象进行调查分析

作业前应认真观察树木配置的环境，分析其在环境中的功能，据此确定树木的修剪形态。进而对计划修剪树木当前的树冠结构、树势、主侧枝生长状况、平衡关系以及树种习性、修剪反应等进行详尽观察和分析。

2. 合理制定整形修剪方案

根据上述调查和分析结果，制定出具体的整形修剪方案。尤其是对重要景观中的树木、古树名木或珍贵树木，修剪前需慎重咨询专家意见，或在专家直接指导下进行。

3. 开展修剪技术人员培训

修剪人员作业前必须接受严格的岗前培训，掌握园林树木整形修剪的基本知识、操作规程、技术规范、安全规程及特殊要求等，考察合格后方能独立工作。

4. 严格规范修剪程序

根据既定的修剪方案，按先下后上、先内后外、由粗到细的顺序进行修剪。先从调整树木整体结构入手，去除对树体影响较大的枝条，再疏剪枯枝、密生枝、重叠枝，然后按大、中、小枝的次序，对多年生枝进行回缩修剪。最后，根据整形需要，对一年生枝进行短截修剪。修剪完成后检查是否有漏剪、错剪，并及时补剪和修正。

5. 注意安全作业

安全作业包括注意作业人员及周围行人的安全。一方面，作业人员要有安全防范意识，配备必需的安全保护装备，以保证个人安全。另一方面，在作业区边界应设置醒目的标志，避免落枝伤及行人。当多人同时作业时，应有专人负责指挥，以便高空作业时协调配合。

6. 及时清理作业现场

为保证环境整洁和人员安全，要及时清理、运走修剪下来的枝条，或利用削片机等机械在作业现场就地把树枝粉碎，这样可节约运输量并可再利用。

模块一复习思考题

1. 为什么要对园林树木进行整形修剪？对园林树木进行整形修剪通常遵循怎样的原则？
2. 对园林树木进行整形修剪的生物学依据是什么？对园林树木进行整形修剪的美学依据是什么？
3. 如何合理确定园林树木整形修剪的时期？对园林树木进行整形修剪应该注意哪些问题？
4. 对园林树木进行整形修剪的手法有哪些？园林树木的常见整形方式有哪些？
5. 对园林树木进行整形修剪的常用工具有哪些？开展园林树木整形修剪应该遵循怎样的工作程序？

模块二　园林树木整形修剪

一、行道树的整形修剪

（一）行道树的作用

古今中外的道路绿化都备受重视。我国最早的记录始于《汉书》，书中记载："道广五十步，三丈而树，厚筑其外，隐以金椎，树以青松"，说明2 000多年前我国就将松树用作行道树。此后的记载如唐代京都长安用榆、槐作行道树；宋东京街道上还种植有桃、梨等。国外不少国家也从很早开始就重视行道树的栽植。随着城市建设的飞跃发展，城市道路的增多，道路的功能也发生了很大的变化。现代化城市中除必备的人行道、慢车道、快车道、立交桥、高速公路外，还包括公园、广场的林荫道，河、海边的滨河路、滨海路，等等。由这些道路的植物配置，组成了车行道隔绿带、行道树绿带、人行道绿带等。行道树起着重要的作用，它不仅具有防护和美化功能，还有组织交通的作用。行道树是城市绿化的骨架，它既反映出城市面貌和地方色彩，又关系到人们的身心健康。因而，行道树的健康和美观显得尤为重要。

（二）行道树常用树种

行道树常用树种一般应具备冠大荫浓、主干挺直、树体洁净等特点。东北、华北、西北地区可选用的树种有杨属、柳属、榆属、白蜡属、云杉属树种以及槐、油松、华山松、白皮松、樟子松、复叶槭等；华南地区可选择的树种有香樟、榕属、桉属、木棉、凤凰木、悬铃木、银桦、马尾松、大王椰子、蒲葵等；华中、华东地区可选择的树种有香樟、广玉兰、泡桐、枫杨、意杨、悬铃木、无患子、枫香、乌桕、银杏、女贞、刺槐、合欢、榆树、杜英、栾树、重阳木等。

（三）行道树剪整技术

栽在道路两侧的行道树，主干高度一般以3～4 m为好；公园内园路树或林荫路上的树木，主干高度以不影响行人漫步为原则，主干不低于2.5 m。行道树定干时，同一条干道上分枝点高度应一致，使整齐划一，不可高低错落，以免影响美观与管理。行道树一般情况下以常规修剪为主，不做特殊的造型修剪。但是，随着城市绿化水平的不断提高，行道树的装饰性也能反映出一个城市的面貌，所以现在很多城市，将行道树的树冠修剪成圆球形、扁圆形以及其他规则的几何造型，以提高其观赏性。

行道树的修剪受生长空间所限，在保证道路安全畅通的前提下，采用疏枝来改善透光条件，避免供电、通信等线路与树木生长竞争空间，更重要的是通过短截来促进新枝生长，迅速扩大树冠，提高绿量并利用剪口芽引导树姿，调节树势。根据在公路、游园、广场等不同地方的功能作用不同，行道树可修剪成各种不同的树形。

1. 自然式树形行道树整剪

在不妨碍交通和其他公用设施的情况下，行道树多采用自然式冠形。这种树形是在树木本身特有的自然树形基础上，稍加人工调整而成的，目的是充分发挥树种本身的观赏特性。如，槐树、桃树自然冠形为扁圆形，玉兰、海棠为长圆形，龙爪槐、垂枝桃为伞形，雪松为塔形等。

行道树自然式树形剪整中，有中央主干的，如杨树、水杉、侧柏、金钱松、雪松、枫杨等，分枝点的高度按树种特性及树木规格而定，栽培中要保护顶芽向上生长。主干顶端如受损伤，应选择一直立向上生长的枝条或在壮芽处短剪，并把其下部的侧芽抹去，抽出直立枝条代替，避免形成多头现象（图2-1）。此外，修剪主要是对枯病枝、过密枝的疏剪，一般修剪量不大。无中央主干的行道树，主干性不强的树种，如旱柳、榆树等，整剪主要是调节冠内枝组的空间位置，如去除交叉枝、并生枝、重叠枝、逆行枝等，使整个树冠看起来清爽整洁，并能显现出本身的树冠（卵圆形或扁圆形等）。另外就是进行常规性的修剪包括去除密生枝、枯死枝、病虫枝和伤残枝等。

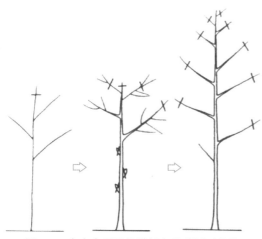

图 2-1　中央主干形行道树自然式树形剪整

2. 杯状形行道树的修剪与整形

杯状形修剪一般用于无主轴或顶芽能自剪的树种。如悬铃木、火炬树、榆树、槐树、白蜡等。杯

状形修剪形成"三杈六股十二枝"的骨架。

骨架构成后，树冠扩大很快，疏去密生枝、直立枝，促发侧生枝，内膛枝可适当保留，增加遮阴效果。上方有架空线路时，应按规定保持一定距离，勿使树枝与线路触及，一般距离电话线为 0.5 m，高压线为 1 m 以上。靠近建筑物一侧的行道树，为防止枝条扫瓦、堵门、堵窗，影响室内采光和安全，应随时对过长枝条进行短截修剪。

3. 开心形行道树的修剪与整形

此种树形为杯状形的改良与发展。主枝 2 个、3 个或 4 个均可。主枝在主干上错落着生，不像杯状形要求那么严格。为了避免枝条的相互交叉，同级侧枝要留在同方向。采用此开心形树形的多为中干性弱、顶芽能自剪、枝展方向为斜上的树种。

4. 伞状树冠的修剪与整形

一些垂枝类的树种相对较适合做伞状冠形剪整（图 2-2），如槐树、垂柳、垂榆、榕树、白蜡等。

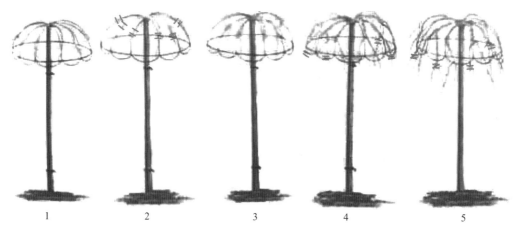

图 2-2　伞状树冠的培育过程

1. 将欲培育苗木主干，在一定高度"打头"，去除所有侧枝，只留主干。顶端萌发枝条后，留 4～6 个，与伞状护苗架对应绑扎。2. 第二年对枝条进行短截，保留背部壮芽，促使萌发新枝。3. 第三年新枝萌发后，留着生方位好的强枝与伞状架绑扎，并对原有枝短截促发新枝，使伞状冠逐渐充实。4. 待伞状冠基本成型后，剪除交叉枝、过密枝，使冠形整洁美观。5. 伞状冠成型后及时养护剪整

5. 树篱的剪整

能用于剪整树篱的树种一般要求成枝力强，耐修剪。树篱若从幼苗开始培育，出圃后的剪整养护相对比较简单。若将成型的大树再进行树篱的改造，并非所有的树种或树形都适合，一般要求树冠饱满，株距不能太大。

（1）苗圃地树篱的剪整

苗圃地树篱的剪整，首先要准备支架系统。支

架系统由立柱和钢丝组成。立柱至少 2 根，如要剪整的树篱较长则要增加立柱的数量。此外，在立柱间架设钢丝，用于引导枝条的生长方向。根据树种的高低和实际的需要，钢丝的数量从下到上一般至少 4 层或者更多，最靠下的钢丝距地面的距离，要与预期定干的高度齐平或略高。剪整过程具体为：首先在距离立柱 1.2 m 处开始，以 2.5 m 的间隔种植幼树。待植株长到一定高度，侧枝的位置达到最

低层钢丝的高度，就可将其平行整成水平状，并与钢丝绑扎，以使它们能够沿着钢丝的方向生长。在接下来的每年夏季和冬季，都要继续进行同样方法的修剪和整形，直至其成树篱形。

（2）行道树树篱的整剪

对成型的行道树做树篱状整剪，首先要确定冠径的大小，尤其是与路线垂直的冠径大小（纵径）。与路线垂直的冠径的确定要根据同一道路上各植株单体的生长情况综合考虑，目的是保证修剪后的各单体植株靠路的一侧位于同一个面上。与路线平行的冠径大小不必统一，视树冠情况将其剪成平面或不剪均可。以后每年按此修剪，直至相邻树冠联为一体，再统一进行剪整，使树篱整齐美观。

6. 规则式树冠的剪整

规则式树冠的剪整，首先要剪除树冠内所有的带头枝桩、枯枝、病虫枝，并将弱枝更新。然后确定适合的树形，如方形、长方形等。确定冠形后，根据各种树木的高度和树形，将形状以外的枝叶全部剪除。一个完美的规则式树冠，需要经过多次修剪才能完成。

7. 修剪在缓解悬铃木飘毛上的应用

因悬铃木具有耐湿、耐旱、生长迅速、萌芽力强、遮阴效果好，对城市环境适应性强等优点，是世界上首推的优良行道树，享有"行道树之王"的美誉，从20世纪初开始在我国各大城市广泛引种种植，数量众多，成为很多城市的行道树主栽种类。但悬铃木有缺点，如飘毛、落枝、脱皮等。每年初夏，由于树冠宿存的大量球果老熟散落，种粒顶端毛状花柱和基部褐色长毛随风飘浮，不仅迷人眼睛，还刺激人的呼吸道，很容易造成咳嗽和支气管炎症，给市民带来不少困扰。国内对悬铃木飘毛的解决方式主要是通过嫁接结实少的品种进行换种，但效果并不明显。另外，一些城市还采用喷洒脱落酸、利用高压喷雾机喷雾等手段来暂时缓解悬铃木飘毛带来的困扰，但这些方法均因可操作性差或对树体本身有影响，大面积推广较难。

经过多年的不断摸索并借鉴国外的经验，一种可操作性较强且能有效缓解悬铃木飘毛的方法正逐渐被采用。这就是通过合理的整形修剪来控制悬铃木的结果量，从而有效缓解飘毛的问题。众所周知，植物生长包括营养生长和生殖生长，营养生长主要是根、茎（枝）、叶的生长，而生殖生长主要是开花，结果。它们之间是相互影响、相互制约

的。实际生产中，人们可以通过修剪等手段对树木的营养生长和生殖生长进行调节，以满足人们对树木的要求。这种方法在果树生产中应用较为普遍，在其他种植业却应用较少。

事实上，所有植物都有此特点，悬铃木也不例外。悬铃木飘毛的原因正是因为其生殖生长造成的，所以采用合理的修剪方法促进悬铃木的营养生长，控制其生殖生长，使修剪后的悬铃木没有或很少有花芽，从而减少结果量，也就达到了减少飘毛的目的。

对悬铃木的控果修剪，要结合当地悬铃木的生物学特性和物候期进行。可修剪为自然形，也可修剪成规则形。

自然形修剪主要是通过疏除部分枝（小苗或外围枝）或干（成年枝），促进新生枝条营养充足，减缓枝条的生殖生长，使树膛内无枯枝和生长不良枝条，保持枝干整洁，树皮光滑。对外围干径达到一定粗度的枝条全部进行短截，进一步使新生枝条营养充足。后期养护管理主要是抹除过多芽和枝，并进行病虫害防治等。一般养护期2～3年。

规则形修剪是使树冠形成各种几何形状（长方体、正方体、圆锥体、梯形体等）。修剪后不仅能缓解飘毛的问题，而且树冠外形美观、整齐。但采用规则式修剪所需设备要求严格，要有升降车、树篱修剪机、垃圾处理机以及其他的配套设备等。此外，规则式修剪的树冠要保持一定造型，就要树冠密实，所以规则式修剪较自然式修剪的量要少，需要在养护期多次复剪，才能达到控果和外形美观的效果。主要是：

① 对树木进行整枝定形，使其枝干分布在几何形状之内。

② 对外围一年生枝条，在落叶之后，发芽之前进行轻短截，使其保持在几何体的几个面上。

③ 对形成几何体的植株的外围枝条，在花芽分化完成之后进行修剪，促使其抽生新的营养枝，从而达到不结实或少结实的目的。

④ 养护管理期剪除过多枝，并保持适时修剪，使外围枝条控制在几何性状之内。

这种控果修剪的方法，在结合树种生物学特性的基础上，还可应用于意杨等飘絮的树种，同样可达到较好的效果。

（四）行道树剪整实例

参见图2-3至图2-8。

图 2-3　行道树自然式树冠，舒展大方

图 2-4　行道树圆球形树冠，优雅自然

图 2-5　行道树椭圆形树冠，沉稳厚重

图 2-6　行道树篱架式剪整，规矩雅致

图 2-7　行道树圆柱形树冠，高大挺拔

图 2-8　长方形树冠连接在一起，形成壮观的绿色长城

小贴士：主要修剪手法的剪口处理

疏剪、短截、换头都有剪口的问题，总的技术要求是一样的，既要有利于伤口的愈合，又要有利于剪口附近芽、枝的生长发育。也就是既要修剪得规范，又要对树木安全。根据实际操作经验体会，对主要修剪手法的剪口处理做如下阐述，供参考。

（1）疏剪：疏剪的剪口对被疏枝条来说应该是垂直平面，即被疏枝条的横截面。而对留下剪口的母枝来说，不应该是平行母枝的平面（如被疏的枝条与母枝夹角为90°），因为如果疏剪后母枝上的剪口呈轴向平面，则伤口面积太大，不利于愈合；如果单纯以被疏枝条的垂直横截面为准也不行，因为有些情况下母枝上留下的剪口会太斜，有干枯的可能。所以只有进行折中处理，即剪口以两者均为斜面为佳。具体如下：假设把被疏枝条的垂直横截面和母枝的平行面分别画出线来，这样就形成了一个夹角，再把这个夹角一分为二，取其上1/2（上半部分）即靠近被疏枝条的一侧画出一个范围，疏剪时就在这范围之内剪下。这样，一般情况下，被疏枝条和母枝两者的剪口都是斜面，而母枝上留下的剪口不会过平或过斜，伤口不会很大。

（2）短截：短截的剪口有平面也有斜面。若短截细枝，平面即可；若短截对生芽的枝条、又需保留一对剪口芽，只能是平面；若短截斜生枝、又需留外向剪口芽（杯状形、开心形等），最好是平面（斜面反而可能积水）。除此以外，短截的剪口通常都是斜面，而且斜面的方向一定要背对剪口芽，即与剪口芽的生长方向相似，不能颠倒。斜面角度和剪口距离可这样掌握：假设在剪口芽的芽尖和芽中间做两条分别垂直于枝条的平行线，再把靠剪口芽的高端和背剪口芽

的低端连起来成一斜面，这就是短截剪口的下限；为确保质量和安全，可将这一斜面平行增加5~8 mm，得出剪口的上限。在此范围内，保持角度不变，将枝条剪下。

（3）换头：换头的剪口通常是斜面，但倾斜度比短截小；方向与短截一样，背对剪口枝，即与剪口枝的生长方向相似，不能颠倒。斜面角度和剪口距离可这样掌握：假设在剪口枝分权处做被剪带头枝（或延长枝）的垂直线，在背剪口枝一侧下延3~5 mm，再与剪口枝的分权处相连成一斜面，这是剪口的下限；将这斜面平行上移3~5 mm，作为剪口的上限。在此范围内，保持角度不变，将枝条剪下。

修剪是一项经验积累型的技术工作，初学修剪时，应该了解各种剪口的"度"是怎样确立的，只要有了"度"这个意识，随着修剪实践的增多，自然会融会贯通。

二、庭荫树与孤植树的整形修剪

（一）庭荫树与孤植树的作用

庭荫树又称绿荫树，以遮阴为主要目的。常植在路边、广场、草坪、池旁、廊亭前后，或与山石、庭院相配。孤植树又称独赏树，常植于草坪、广场、道路交叉口等处。一般要求树木高大雄伟、枝叶量大、树形优美、生长茂盛。

（二）庭荫树与孤植树常用树种

常用的庭荫树和孤植树有阔叶类树种白玉兰、马褂木、七叶树、桂花、合欢、槐树、白蜡、杨类、柳类，以及针叶类树种雪松、圆柏、侧柏、龙柏等。

（三）庭荫树与孤植树剪整技术

庭荫树与孤植树一般以树冠尽可能大一些为宜，不仅能发挥其观赏效果还能充分达到遮阴的目的。庭荫树和孤植树的树冠一般不小于树高的

一半，常以占树高的 2/3 以上为佳。这类树木整形时，首先要培养一段高矮适中、挺拔粗壮的树干。树木定植后，尽早疏除 1.5 m 以下的全部侧枝。庭荫树和孤植树的剪整一般以自然形为主，但有时为和周围环境的协调统一或其他特殊的要求，亦可剪整成一定的几何造型、桩景造型等。

如果是观花、观果乔灌木用作庭荫树或孤植树，修剪时还要考虑促花、促果，以充分发挥其观赏特性。

（四）庭荫树与孤植树剪整实例

参见图 2-9 至图 2-12。

图 2-9　培育与孤植树所在环境相协调的树形

图 2-10　庭荫树孤植树的高大树冠

图 2-11　利用树体本身缺陷或特点，营造独特树形，形成特色微景观

图 2-12　对古老观花孤植树进行枯枝清理，树冠更新复壮，增强观赏性

三、花灌木的整形修剪

（一）花灌木的作用

花灌木，简言之就是以观花、观果等为主要目的的灌木或小乔木。因此，在剪整时，和其他如行道树、孤植树、绿篱等略有不同，要充分考虑所剪树种的生长习性、着花部位及花芽的性质，在此基础上进行剪整，保证其成花量与结果量，才能达到最佳的观赏效果。

（二）花灌木常用树种

观花类：连翘、碧桃、榆叶梅、紫薇、木槿、杜鹃、月季等；观果类：金银木、火棘等；观枝类：红瑞木、金枝槐等；观形类：龙爪槐、垂枝桃；观叶类：红叶石楠、紫叶矮樱、复叶槭等。

（三）花灌木剪整技术

1. 根据配置的环境要求

花灌木通过整形修剪可以形成丛状型、宽冠丛状型、杯状型、高灌丛型、独干型、篱架式造型等不同的造型。但不是所有树种都适合整成所有造型，必须根据植物的生长特征，以及在园林中的作用，结合环境配置的要求进行设计。结合周围植物景观的整体效果来控制植株的高矮、疏密、刚柔造型（图 2-13）。

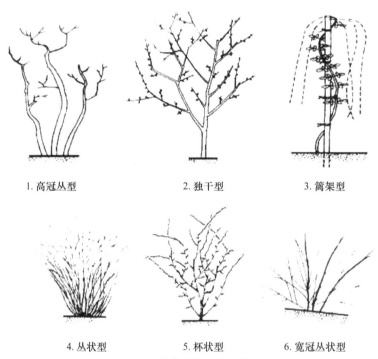

1. 高冠丛型　　　　2. 独干型　　　　3. 篱架型

4. 丛状型　　　　5. 杯状型　　　　6. 宽冠丛状型

图 2-13　花灌木的几种剪整形式

2. 根据观赏部位

（1）观花类

以观花为主要目的的树种，首先要了解开花习性、着花部位及花芽的性质，然后采取相应措施，促使花开繁茂。

（2）观果类

花灌木中有很大一部分为既观花又观果的树种，如金银木、火棘、枸骨、平枝枸子，修剪时间及方法与早春开花的种类相似。不同之处在于，观果为主的树种要注意疏枝，透光，这样果实着色较好，也不易产生病虫害，可提高观赏效果。花后一般不做短截，如为使果实大而多，可在夏季采用环剥或疏花疏果的措施调节。

（3）观枝类

观枝类的树种常见的有红瑞木、棣棠、金枝槐等。这类树种往往在早春芽萌动前进行修剪，冬季不进行修剪，使其在冬季少花的季节里充分发挥观赏作用。该类树木的嫩枝一般较鲜艳，老干相对较暗淡。因此，最好年年重剪，促发更多的新枝，提高观赏价值。

（4）观形类

这类树木有龙爪槐、垂枝桃、垂枝梅、垂枝榆等。修剪时应根据种类的不同而采用不同的方法，如对龙爪槐、垂枝桃、垂枝梅短截时，留上芽不留下芽，以诱发壮枝。

（5）观叶类

观叶类的树种较多，分春彩、秋彩、四季彩。春彩树种有红叶石楠、海棠类等；秋彩有鸡爪槭、枫香等；四季彩有紫叶李、紫叶小檗、红枫等。在园林中，既观花又观叶的树种，往往按早春开花的类型进行修剪；其他的观叶类一般只进行常规修剪，有时为与周围环境搭配和谐，也进行特殊的造型修剪。

3. 根据花芽的生长规律

树木枝干上的芽有花芽、叶芽、混合芽之分。花芽可以开花，叶芽只长叶片，不会开花。混合芽萌发后先抽新梢，然后在新梢上长出花芽开花。观花和观果的花灌木的修剪关键是要使植株的花芽生长发育健壮，必须根据各种植物花芽生长的自然规律进行修剪。否则将花芽剪掉了，当年开花也就成为不可能。花木的花芽生长方式大致有：长在健康的优良枝上；长在当年生新枝顶部；长在二年生（即上一年生）新梢顶部；长在二年生短枝叶腋中；长在二年生短枝上；从二年生短枝上部长出混合芽，然后抽生新枝顶部开花等多种形式。

（1）早春开花种类

早春开花的花灌木的花芽一般都是在前一年的夏秋季分化，所以花芽着生在二年生枝上，如梅花、瑞香、金缕梅、桃、连翘等，但少数树种也能在多年生枝上形成花芽。这类树种以休眠期修剪为主，夏季进行辅助性修剪。修剪方法以短截和疏枝为主，并结合其他的措施综合应用。

对玉兰、丁香等，要在花后即进行修剪，因为此类花芽是着生在二年生新梢的顶部，也就是说在花谢之后长出的新梢顶部，翌年春天就会长出花芽，开花。如果在夏季进行修剪，就不会再萌发长花芽的新枝了。

需要注意的是具有顶生花芽的种类，如茉莉、蔷薇、木槿等，在休眠期修剪时，不能对着生花芽的一年生枝进行短截。因为花芽集中在枝条上部，短截后就没有开花的部位了。如果是腋生花芽的种类，如梅花、桂花、桃花等，在冬剪时，可以对着生花芽的枝条进行短截。

如果是混合芽的种类，剪口芽可以留花芽；如果是纯花芽的种类，剪口芽不能只留花芽，因为只留花芽，开花后上部没有叶片，修剪处将表现为一截枯枝，影响美观。

另外，对于具有拱形枝条的种类，如连翘、迎春等，虽然其花芽着生在叶腋，剪去枝梢并不影响开花，但为保持树形饱满美观，通常也不采取短截修剪。而采用疏剪并结合回缩，疏除过密枝、枯死枝、病虫枝及扰乱树形的冗长枝，回缩老枝，促发强壮的新枝。

（2）夏秋开花种类

此类树种的花，开在当年发出的新梢上。也就是通常所说的"先叶后花"的花木。其花芽是在当年春天发出的新梢上形成的，这类树种有绣球、六道木、夹竹桃、石榴、紫薇、木槿等。修剪通常在早春树液开始流动前进行，一般不在秋季修剪，以免枝条受刺激抽发新梢，遭受冻害，影响翌年开花。修剪方法也是以短截和疏剪相结合。值得注意的是，此类树种不要在开花前进行重短截，因为此类花芽大部分是着生在枝条的上部和顶端。另外，有些树种在花后还应该去除残花，使养分集中可延长花期，有的还可使树木二次开花，如锦带花、珍珠梅等。

4. 花灌木修剪技巧举例

月季的品种多达上万种，生长方式各不相同。许多月季品种都可以多次开花，有些品种整个夏季都开花不断，例如杂交种茶香月季、丰花月季，此类月季应于早春尚未萌发新芽时进行修剪，再加上定期去除残花，就能持续开花。一般月季修剪应符合以下特殊规定：

①早春修剪应在芽萌动前进行。

②剪口应位于腋芽上方 0.5～0.8 cm 处，保留外向芽。剪口应在茎上无叶芽的一面。

③花后应进行修剪，去除残花。

④嫁接月季应及时剪掉砧木萌蘖条。

⑤更新修剪宜在早春进行，选留从基部萌发的健壮枝条，待长到 30 cm 左右，去顶芽，促侧枝，同时剪去老枝。

⑥大花型月季修剪高度应视情况确定，一般应保留 4～6 个主枝。

⑦丰花（聚花）型月季可采取"绿篱式"修剪，修剪高度应酌情确定。

（四）花灌木剪整实例

参见图 2-14 至图 2-18。

图 2-14　早春修剪后的榆叶梅花团锦簇

图 2-15　荷塘岸边的锦带花，以石为基，与荷为伴，与树争艳

图 2-16　连翘自然式修剪，飘逸舒展

图 2-17　花灌木仿自然栽植剪整，别具一格

图 2-18　花灌木人工造型

四、藤本树木的整形修剪

（一）藤本树木的作用

藤本植物的应用历史悠久。自从开始建造花园，藤本类植物就与之相伴而生。时至今日，藤本类植物的应用已经渗透到城市中的各个角落。

（二）藤本树木常用树种

常用的藤本植物有葡萄、紫藤、凌霄、常春藤、扶芳藤、油麻藤、铁线莲属、藤本月季、猕猴桃、地锦等。

（三）藤本树木剪整技术

1. 藤本植物的搭架

藤本（攀缘）植物在造景时都需要一个支架，有的借助房屋墙壁、围墙、篱笆攀缘，有的需要搭建专门的花架，一般根据造景的要求而定。

花架是藤本（攀缘）类植物空中造型最有效的支架。一般是在空地匀称地放置两排柱子，然后在柱子上架置横木，组成平放式的花架顶。这种风格的花架可有很多变化。花架柱子可以采用木干、砖头或金属制作。为了使花架顶更加坚固，整枝更简单，可以在横木的基础上，添加纵向的横梁。拱门形状的花架也应用较多，它不仅能为植物提供支撑，本身也很具有观赏性。此外，常用的还有格子架。

2. 藤本植物的剪整

藤本植物通过修剪和整枝可形成集观赏和实用于一体的凉亭、凉廊，还可以很好地装饰墙壁等。藤本植物一般很容易在给定的空间内整剪，可使茎弯成弓形，或让它们围着支架缠绕，使嫩枝旋转向上生长等。

修剪对在嫩枝上开花的和许多生长旺盛的藤本植物很重要。剪去老茎会促进新枝叶的生长，有利于翌年的开花量。

实际应用中可根据不同藤本植物的生长习性修剪成棚架式、门廊式、篱垣式、螺旋式（图 2-19）、附壁式、直立式等多种形式。

（1）棚架式

卷须类及缠绕类藤本植物多用这种方式。整剪时，应在近地面处重剪，使发生数条强壮主蔓，然后将主蔓垂直引至棚架顶部，使侧蔓在架上均匀分布。如蔓性蔷薇等开花繁茂的种类，采用这种方式可形成由鲜花搭建的凉棚。

（2）附壁式

这种整剪方式适用于吸附类的植物，如地锦、扶芳藤等。方法相对简单，只需要将藤蔓引于墙面即可自行依靠吸盘或吸附根而逐渐铺满墙面。修剪时注意使各蔓枝在壁面上均匀整齐地分布。

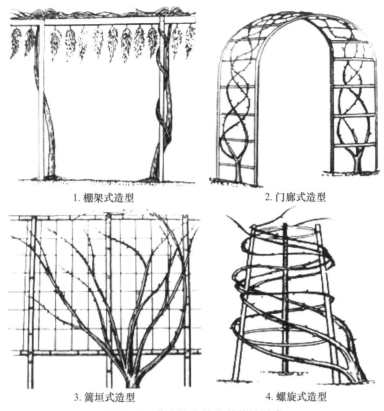

1. 棚架式造型　　　　　　　2. 门廊式造型

3. 篱垣式造型　　　　　　　4. 螺旋式造型

图 2-19　藤本植物的几种整枝形式

（3）直立式

对于一些茎蔓粗壮的种类，如紫藤等，可以剪整成直立灌木式。这种方式用于公园道路旁或草坪上，具有良好的景观效果。

（4）篱垣式

这种剪整方式也较适宜于卷须类和缠绕类植物。将主蔓、侧蔓水平或垂直引导，每年对侧枝进行短截，使之成为整齐的篱垣形式（图 2-20）。

（四）藤本树木剪整实例

参见图 2-21 至图 2-28。

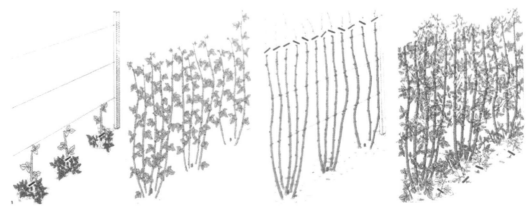

1. 近地面重剪促发主蔓　　2. 主蔓引至篱架固定　　3. 按篱架高低修剪整齐　　4. 成型的篱垣式效果

图 2-20　篱垣式剪整过程

图 2-21　装点车棚，既遮阴又美观

图 2-22　形成绿色凉亭，供游人休憩

图 2-23 装点门廊，形成活力奔放风格

图 2-24 装饰门廊，形成品味别致情调

图 2-25　装点门廊与古建筑，彰显古朴历史风韵

图 2-26　构建绿色棚架甬道，形成曲径通幽意境

图 2-27　形成绿色凉亭，服务生态与生活

图 2-28　紫藤凉亭早春剪整后形状

五、观赏果树的整形修剪

（一）观赏果树的作用

随着城市发展，城市绿化已不再是单纯的"绿化"，而是要美化香化，很多具食用价值的果树也在城市建设中发挥着越来越重要的作用。利用植物美化环境常常追求四季常青、三季有花、两季见果，乔、灌、藤、草综合运用。人们欣赏植物不仅看绿，还要观花赏果。很多果树的树形、叶、花、果均具有较高的观赏价值，应用于园林中不仅可以观叶，又可以赏花看果。目前，在欧美、日本、新加坡等国家或地区，果树作为绿化树种的应用已非常普遍。随着我国经济的快速发展，利用果树绿化城市必定有其广阔的发展前景。

1. 道路绿化

在两边楼群拥立、道路较窄的地方，栽植树种要冠瘦、干高。可种植柿子，柿子树冠较瘦，空中障碍小，树干高，不影响行人，不仅观花看叶，重要的是观果时间长，当其他树木都落叶的时候，路边柿子树上还是满挂金果。在道路较宽、建筑物又不太高的开发区、新区道路两侧植红果或海棠。中春时海棠满树鲜花，香气沁人。海棠和红果都是中秋果红、晚秋独领风骚、经雪不落的果树。

2. 广场绿化

可以根据广场的文化主题，选择适合的观赏果树。若以绿荫草坪为主，可以植柑橘、核桃；若以铺装喷泉为主，可以植苹果、梨、红果和海棠等。

3. 公园绿化

在大型公园里，可以丛植、片植十几种果树，形成不同时期的花和果，赏春花如入仙境，观夏果如进瑶池，看秋实如履福地。在小型公园，可错开花期，选择不同颜色的树种进行点缀，如杜梨、碧桃、樱桃、杏等。

4. 小区绿化

居民小区中，可种植一些果树，如杏、桃、梨、苹果、山荆子等，还可用葡萄搭建凉棚，其下放置座椅，供居民休闲乘凉之用。

（二）观赏果树常用树种

可用作绿化的果树有很多，常见的有苹果、葡萄、梨、枇杷、石榴、柿、枣、杏、李、柑橘等。

（三）观赏果树剪整技术

在实际应用中，除利用果树的自然树形外，还常常采用篱架式，造型丰富多变。

（四）观赏果树剪整实例

参见图 2-29 至图 2-37。

图 2-29　群植海棠形成景观路

图 2-30 孤植海棠装点人行步道

图 2-31 列植海棠构成行道树

图 2-32　海棠群植形成局部群植景观

图 2-33　多个品种海棠群植形成特色海棠园

图 2-34　楼前梨花孤植，洁白雅致

图 2-35　楼前红叶桃群植，春意盎然

图 2-36　休闲广场甬道碧桃装点，艳丽多姿

图 2-37　红叶李对植，与建筑小品相映衬，婀娜多姿

模块二复习思考题

1. 你如何理解行道树的作用？行道树常用树种有哪些？对行道树进行修剪通常采用哪些剪整技术？

2. 你如何理解庭荫树与孤植树的作用？庭荫树与孤植树常用树种有哪些？对庭荫树与孤植树进行修剪通常采用哪些剪整技术？

3. 你如何理解花灌木的作用？花灌木常用树种有哪些？对花灌木进行修剪通常采用哪些剪整技术？

4. 你如何理解藤本树木的作用？藤本树木常用树种有哪些？对藤本树木进行修剪通常采用哪些剪整技术？

5. 你如何理解观赏果树的作用？观赏果树常用树种有哪些？对观赏果树进行修剪通常采用哪些剪整技术？

6. 请你在实际训练学习基础上，独立完成行道树、庭荫树、花灌木、藤本树木和观赏果树修剪作品各 1 项，并由专业教师给出评价。

模块三　园林树木造型造景

一、绿篱与色块

（一）绿篱与色块的作用

绿篱是园林中最常用的一种植物配置与造景方式，应用历史悠久。自然不整形绿篱起源于中国，整形绿篱则起源于欧洲。中国在数千年前应用的植篱就是绿篱的雏形，《诗经》中记载有"折柳樊圃"，后来植篱大都用作宅院菜圃的外围护栏，在庭园中未得到充分利用。16—17世纪开始，整形绿篱在欧洲的庭园中广泛应用，时常用作道路和花坛的镶边，17—18世纪，雕塑式的绿篱盛行，将绿篱顶部或首尾部加工成为鸟兽形状；在帝王和大庄园主的整形式花园中常把常绿植物如黄杨等修剪成低矮的窄篱，布置成各种几何形状。我国在20世纪初，绿篱在道路、城市绿地及公园开始普遍应用。

绿篱具有防护、美化的功能，还具有分隔空间、引导视线、烘托背景等作用。在公园、街道或专用绿地绿化时，常用各种形式的绿篱分隔绿地空间；此外，绿篱还可以为花境和甬道做镶边装饰，而绿篱作为庭院的防护围墙，可起到阻止人们穿行或引导路线的作用。所以，在园林绿化中绿篱应用非常普遍。

在景观绿化中常将一些低矮的灌木按一定形状密植，并修剪平整后，组成不同的色块。实际应用中，多以不同种类的小灌木或与草花进行组合搭配，形成天然的"灌木地被"，以增强视觉效果，色块常见的形状有条形、圆形、椭圆形、扇形、梯形、三角形、长方形等。

（二）绿篱与色块常用树种

绿篱常以萌芽力、成枝力强，耐修剪的灌木为主，但也有将乔木的树冠经修剪整形后形成的乔木绿墙。常用作绿篱或色块的园林植物有杜松、侧柏、罗汉松、海桐、小叶黄杨、大叶黄杨、雀舌黄杨、锦熟黄杨、黄杨、月桂、女贞、九里香、花叶假连翘、火棘、石楠、蚊母、杜鹃、圆柏、侧柏、卫矛、南天竹、法国冬青等。

（三）绿篱与色块剪整技术

绿篱可根据高度不同划分为以下类型：高于160 cm以上的称为绿墙，121～160 cm的称为高篱，50～120 cm的称为中篱，50 cm以下的称为矮篱。

绿篱根据形态分为自然式绿篱和整形式绿篱两种。自然式绿篱一般不进行专门的整形，栽培过程中仅做一些常规的修剪，如去除枯枝、病虫枝等。整形式绿篱通过修剪，将篱体按设计要求剪成各种几何体形状或装饰形体。为了保持绿篱应有的高度和整齐度，需经常将突出轮廓线的新梢修剪平整。在景观绿化中，对于绿墙和高篱的修剪主要以规则的长方体为主，仅适当控制高度和厚度即可。中篱和矮篱则常修剪成几何形图案。在栽植养护过程中，矮篱一般多为单行直线或几何曲线形，株距5～30 cm，篱成型高度50 cm，宽15～40 cm；中篱多为单或双行，直或曲线，株距30～50 cm，单行宽40～70 cm，双行宽50～100 cm；高篱株距为50～75 cm；树墙的株距一般为100～150 cm。

色块的剪整和矮篱的整形式修剪基本相同，区别仅是设计图案样式的不同。

另外，在绿篱和色块的修剪过程中需避免植株下部干枯空裸的现象，在进行剪整时，其侧断面以梯形为佳，这样可以保持下部枝叶获得充分的光照而生长茂密。反之，如断面呈倒梯形，则植物下部易迅速秃空，不能长久保持良好的效果。绿篱和色块的基本成型过程见图3-1。绿篱（色块）定植后，任其自然生长一年，以保证地下根系生长，第二年开始短截，一般剪去苗高的1/3～1/2。长到一定高度，按照所确定的绿篱（色块）高度修剪，初学者可先用线绳定型，以线为界进行修剪，生长期对所有新梢进行2～3次修剪，以降低分枝高度，促发分枝。在绿篱（色块）定型后，适时剪去超出轮廓的新梢，以确保绿篱（色块）的整齐美观。

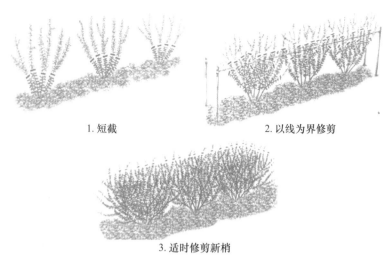

1. 短截　　　　　　　　　2. 以线为界修剪

3. 适时修剪新梢

图 3-1　绿篱（色块）的整剪过程

目前，绿篱多数修剪成平顶绿篱，实际应用中可在平顶的基本造型基础上改变修剪的工艺，如将绿篱修剪成有节奏的波浪式，产生有动态的变化，在视觉上形成了跳动起伏的韵律；也可按一定距离的凹、凸形修剪，类似古城墙形状，显得古朴大方；还可将平顶与尖顶、圆顶相间修剪，这样变化造型可使绿篱灵巧、活泼、奔放。利用不同形式绿篱竖向上的高与矮，横向上的密与疏带来视觉差，给人们以丰富的想象空间。

（四）绿篱与色块剪整实例

参见图 3-2 至图 3-9。

图 3-2　绿篱景观效果需要精心养护

图 3-3　简洁的绿篱墙既起到遮挡作用，又与远方构成高低错落景观效果

图 3-4　城市街区角落绿篱色块简单而整洁

图 3-5　城市办公场所外微广场草坪、绿篱、色块庄重而典雅

图 3-6　皇家园林绿篱组成的图案景观气势磅礴、宏伟壮观

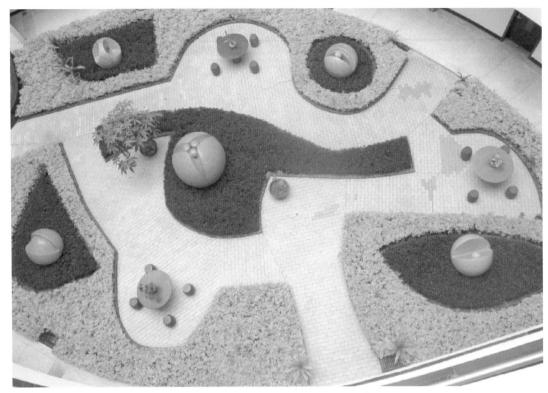

图 3-7　楼宇天井绿篱景观清心而宁静

图 3-8　城市公园入口色块与水体、树木、甬道相协调呼应，美丽又大气

图 3-9　城市公园时钟图案色块，既形成美丽景观又警示时间观念

二、园林树木立体造型

（一）立体造型的作用

立体造型是以木本或草本植物为材料，根据艺术构思的特定要求整剪而成的各种轮廓的立体几何体造型。如将灌木或小乔木修剪成球形、圆柱形、多面体形等多种形状，形成与环境调和或与环境对比的多种效果。在法国、意大利、荷兰等国的古典园林中，植物常被整形修剪成各种几何形体及鸟、兽等动物形体。随着时代的发展，近年来我国也开始把立体造型艺术应用到园林之中，大大丰富了我国的园林景观。

（二）立体造型常用树种

适合修剪成几何造型的植物一般选用生长缓慢、树冠密实、耐修剪的小叶常绿树。随着人们对美化环境的需求，如今一些生长较快速的树种也常被用作造型植物。对于生长快速的植物，为了保持其造型，必须在生长季进行多次修剪。

常用的植物有蜀桧、刺柏、侧柏、龙柏、千头柏、圆柏、雪松、大叶黄杨、云杉、九里香、火棘、海桐、石楠、麻叶绣线菊、紫薇、大叶女贞、小叶女贞、金叶女贞、金边女贞，红叶小檗、紫叶小檗等。

（三）立体造型剪整技术

1. 几何造型的剪整

人工整剪的植物几何体要给人以均衡、稳定的感觉。在整剪过程中要保持明显的均衡中心，使各方都受此中心控制。对单个植株体来说，一般的几何体造型的对称均衡，多以主干作为中轴线。但观赏植物本身高与宽比例的不同，给人的感觉也不同，因此在实际操作中，可根据景观环境的需求，灵活应用。

几何造型常见的有单体几何体造型和组合几何体造型。单体几何体造型是采用单株植物或同一色调的植物剪整的造型。组合几何体造型一般是由多株植物或两种以上造型不同或色调不同的单体几何植物造型组合而成的。

单体几何体造型多用于公园、居住区、办公楼入口、路口拐角处等地方，属于孤植欣赏。组合几何体造型应用相对较多，通常可以渲染、调节景观气氛，或能形成一些特定的景观效果。

（1）灌木球状造型的剪整

灌木球状造型的剪整过程见图 3-10。在灌木球状造型的剪整过程中，需要注意的是，进行球面修剪时，要将修剪刀翻转过来，利用修剪刀的反面才能在植株上修剪出曲线。另外，修剪时一般要先剪上半部分，再修剪下半部分直至地面。

1. 幼树开始培育球形轮廓

2. 连续多次轻度修剪促进枝量充实树冠

3. 植株够高、枝量够密时，按球形剪整

4. 多次剪整后形成球冠，整洁圆润

图 3-10 灌木球状造型的剪整过程

（2）乔木类球状冠修剪

乔木类球状冠的剪整过程见图 3-11。

（3）圆锥形树冠的剪整

圆锥形树冠的剪整过程见图 3-12。在进行圆锥形树冠造型修剪时，首先要站在比植株高的位置，俯视被剪植株。最好将视线固定在中央垂直线上，按锥体所要求的角度或植株本身适合的高低比例，从中心向下修剪出 2 条或 4 条线（左右或前后对称的），以确定锥体的边线，然后根据确定的边线，进行其他地方的修剪。在修剪的过程中，要从不同角度审视修剪的锥体，这样才能保证修剪均衡性。

（4）棱锥形树冠的剪整

棱锥形树冠的造型修剪，因徒手很难把握锥体的对称及各个面的大小。实际修剪过程中，可按预期的棱锥体大小制作相应的棱锥体网架。制作好后就将网架置于被修剪植株上。在植物未长满网架时，只进行轻度的修剪，等植物体的枝条长出铁丝网后，将伸出的枝条剪掉，直至植株的高度超过网架后，就将顶枝截掉。以网架模具为界进行整体造型的修剪。主体完成后，就可将网架模具移走。此后每年即可以原形进行 1～2 次修剪，剪除新生的枝叶。如果前后修剪的间隔时间较长，则最好借助模具，以保证棱锥体的最佳造型，见图 3-13。

（5）锥状螺旋形树冠的剪整

首先要将被剪植物修剪成圆锥形。因螺旋体的修剪，对植株本身结构的破坏相对较大，在进行螺旋体造型前，至少要有一年的适应期。具体的剪整过程如图 3-14 所示。

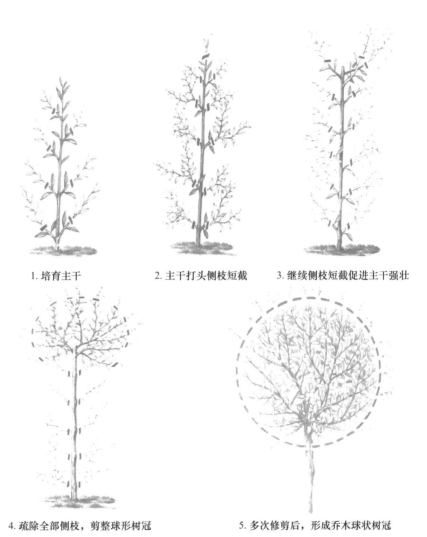

1. 培育主干　　　　2. 主干打头侧枝短截　　　3. 继续侧枝短截促进主干强壮

4. 疏除全部侧枝，剪整球形树冠　　　5. 多次修剪后，形成乔木球状树冠

图 3-11　乔木类球状冠的剪整过程

1. 幼树重剪促发新枝　2. 整剪圆锥树冠雏形　3. 整剪圆锥树冠轮廓　4. 形成整洁的圆锥冠

图 3-12　圆锥形树冠的剪整过程

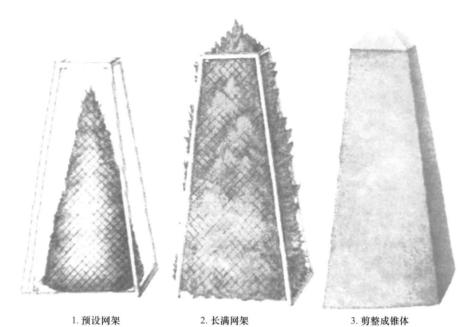

1. 预设网架　　　　　2. 长满网架　　　　　3. 剪整成锥体

图 3-13　棱锥形树冠的剪整过程

1. 用皮尺缠绕锥体植株　　2. 沿标志线剪除枝叶露出主干　　3. 剪整成锥状螺旋形树冠

图 3-14　锥状螺旋形树冠的剪整过程

　　开始剪整前，先用宽的皮尺或较粗的绳子对植株进行螺旋状的缠绕，以植株的大小确定圈数。利用整枝大剪刀在锥体上沿着皮尺（绳子）剪出一条细线，然后拿开皮尺（绳子），沿着剪出的标志线将枝叶剪掉，直至树干。最后利用修剪刀将螺旋转弯处

的上下表面修剪平整，即完成锥形螺旋体的剪整。

2. 动物造型的剪整

　　植物的生长发育方式使得采用植物修剪动物造型时有一定的局限性。如将植物基部分成几条腿是很困难的，实际操作中，可以将几株植物组合在一

起，利用多条茎做剪整造型。

由于植物具有向上生长的自然趋势，要使植物向不同方向生长，需要在生长初期时就进行引导。模拟鸟类形体是用单株植物做动物造型剪整时最常见的，也许是因为鸟腿可以缩拢于身体之下，因而其造型相对其他的动物较为简单。现以公鸡的造型剪整为例说明。

公鸡造型的修剪绑扎法如图3-15所示。首先制作骨架，用以引导枝条的生长方向。骨架材料可采用木材、竹条或铁丝等。结构衔接固定可用焊接、绑扎、螺栓固定等方式。在骨架制作、固定好以后，在植株枝条长到一定长度时，将其按骨架造型绑扎，诱引其向骨架造型的需要生长。随着植株的生长，按既定的骨架逐步修剪超出轮廓的枝叶。对不饱满的地方，在修剪时要注意留下朝着该方向生长枝条的芽。一个完整的造型，需经过多次细心的绑扎、剪整才能完成。

（四）立体造型剪整实例

参见图3-16至图3-48。

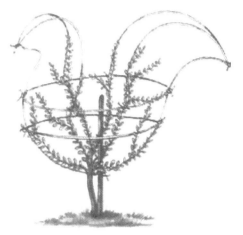 

1. 将植物枝条与公鸡骨架绑扎，诱其依形生长　　2. 剪整成公鸡造型，形象整洁美观

图3-15　公鸡造型的剪整过程

图3-16　立体造型需要早期培育和及时精心细致修剪

图 3-17　桧柏馒头造型

图 3-18　桧柏杯状造型及球形造型

图 3-19　水腊圆柱造型

图 3-20　水腊心形造型

图 3-21　桧柏心形造型

图 3-22　球形造型

图 3-23　卡通造型

图 3-24　水腊印章造型

图 3-25　菱形造型

图 3-26　云朵造型

图 3-27 馒头造型

图 3-28 云片造型

图 3-29　磨盘造型，与广场相协调，与建筑相呼应

图 3-30　圆柱造型，水边列植倒影映衬，雄伟壮观

图 3-31　心形造型，曲径通幽，走向心灵净地

图 3-32　蘑菇造型，独干独菇，娇小可爱

图 3-33 蘑菇造型，同根兄弟，互助互衬

图 3-34 圆塔造型，步步升高

图 3-35　粮仓造型，五谷丰登吉祥年

图 3-36　双手造型，勤劳的双手创造美好未来

图 3-37　双脚造型，有力双脚勇攀高峰、丈量世界

图 3-38　美女蛙泳造型，我运动我健康

图 3-39　垂钓翁造型，人生需要沉淀

图 3-40　师徒四人取经途造型，团队的力量是伟大的

图 3-41　木屋湖边水畔青蛙造型，美丽生态环境的缩影

图 3-42　快乐卡通娃造型，输送快乐，遇见你真好

图 3-43 玫瑰园心形门造型

图 3-44 心形图案造型与水体以及造型树木相映衬

图 3-45　远处向日葵造型与近处相框造型相呼应形成框景，别具一格

图 3-46　广场草花立体造型

图 3-47　广场立体造型雕塑

图 3-48　室内草花立体造型

模块三复习思考题

1. 你如何理解绿篱与色块的作用？绿篱与色块常用树种有哪些？对绿篱与色块进行修剪通常采取哪些剪整技术？

2. 你如何理解立体造型的作用？立体造型常用树种有哪些？对园林树木进行立体造型通常采取哪些剪整技术？

3. 请你在实际训练学习基础上，独立完成绿篱（色块）、立体造型修剪作品各1项，并由专业教师给出评价。

模块四 常见园林树木的整形修剪

一、常见常绿乔木的整形修剪

（一）雪松

学名：*Cedrus deodara*

别名：喜马拉雅雪松、喜马拉雅杉。

科属：松科雪松属。

雪松（图4-1）主干挺拔苍翠，树姿潇洒秀丽，气势雄伟，是世界"五大园景树"之一，广泛应用于园林绿化中。整形修剪总体要求是：树形端正、挺拔，呈塔形或宽塔形，轴心明显，下枝贴近地面，层次分明。但一般只有实生苗才能长成完美的树形。由于扦插苗的长势大多不均衡，如偏冠、细弱、无正头、层次零乱、枝条主次不明显等，因此，要想使其体现完美的绿化效果，就要对其进行适度的修剪。

图4-1 雪松

1. 扶正主干

雪松顶端优势极强，生长旺盛，挺拔向上。一般来说，雪松实生苗可以不必修剪而自然成形。由于实生苗的短缺，现在园林绿化中应用的大多是扦插苗。但扦插幼苗主干顶端常柔软下垂，为了维护中心主枝的顶端优势，扦插苗长至1 m高时，可用细竹竿或木棍绑扎主干嫩梢，充分发挥其顶端优势，绑扎工作每年进行一次，直至树干扶正为止。若主干上出现竞争枝，应选留一强枝为中心领导干，另一个重剪回缩，剪口下留小侧枝，当顶梢附近有较粗壮的侧枝与主梢形成竞争时，必须将竞争枝短截，削弱长势，以利于主梢生长。

2. 苗期修剪

雪松定型修剪和每年的养护修剪需紧密结合，修剪手法以疏剪为主，同时也常采用垂吊、牵引等其他手法配合。其苗期生长迅速，应轻修勤剪，确保健壮生长，维护良好树形。雪松为轮生枝序，隐芽萌发极为困难，疏剪时要慎重考虑。疏剪的对象主要是枯死枝、病虫枝、过密枝、阴生弱枝和少量方位角不适宜枝等，并注意保护主干顶梢。整形修剪可在晚秋（10—11月）或早春（2—3月）进行，通常一年一次，修剪不必过多。

3. 选留主枝

雪松分枝点低，若作园景树，整形带需从低处第一分枝开始。每层选留4~6个主枝，均匀分布四周，每层内距离15~25 cm，层间距约50 cm。注意保护其新梢。一般要求枝间上下错开、方向匀称、角度适宜。对多余的强主枝，先短截至分枝处，待翌年再剪除，对于弱主枝也可直接除去。对长势强的枝条进行回缩，留下长势弱的下垂枝或平侧枝。主枝不能短截，如果主枝头破坏，可用附近强壮侧枝代替主枝，对于枝干上部枝条应当采取去弱留强，去下垂留平斜。而树干下部强枝不要轻易剪除，只有对强壮枝、重叠枝、过密枝、交叉枝先回缩到较好的平斜枝或下垂枝处，当长势缓和后再行疏除。

4. 平衡树势

树形端正的优质雪松要求下部侧枝长，向上渐次缩短，同一层的侧枝其长势必须均衡，才能形成优美的树形。侧枝如果间隔距离过小，则会导致树冠郁闭、养分分配不均、长势不均衡。平衡树势时，对生长势强的枝条可进行回缩剪截，并选留生长弱的平行枝或下垂枝替代。对由于枝条疏密不均，树冠外形参差不齐的雪松，可在密的部位疏剪，或通过摘心促使疏的部位加密，使其层次分明、株形优美，通风透光良好。但不可多用，且只能在春季（4月）进行。这样才能保证尖塔形的树形。

5. 修正树形

（1）偏冠

扦插苗的长势大多不均衡，常形成树冠偏向生长。这种树的改造方法是引枝补空，即将附近的大侧枝用绳子或铁丝牵引过来。也可以嫁接新枝，即在空隙大而无枝的地方，用腹接法嫁接一健壮的芽，令其萌发出新枝，使整个树体长势均衡、枝杆匀称、美观大方。

（2）上弱下强

如幼苗时未能把顶梢扶正，使营养分散在下部大侧枝上，以致长大后上部侧枝不伸展，下部长势旺盛，形成"上弱下强"树形，影响观赏效果。对下部的强壮枝、重叠枝、平行枝进行回缩修剪；用40～50 mg/L赤霉素溶液喷洒上部的枝条，每隔20天喷洒1次，促其生长。

（3）上强下弱

人为损坏或不正确的修剪方法常造成"上强下弱"树形。可在损坏枝条处选取伸展方向正确的小枝，喷洒40～50 mg/L赤霉素溶液，促其生长，并采取有效的保护措施，或采用引枝补空的方法调整树形，即将附近的大侧枝用绳子或铁丝牵引过来，也可以嫁接新枝，即在空隙大而无枝的地方，用腹接法嫁接一健壮的芽，令其萌发出新枝，促使雪松完美树形的形成。

（4）换头

雪松树头有时会损坏或处于弱势，须用强健的侧枝替代，用竹竿或直木捆好拉直，以后成为中心主导枝。应选直向上生长的枝条或壮芽代替、培养主干，抹其下部侧芽，避免多头现象发生。

（5）其他

随着雪松体量的不断增大，枝距也要相应扩大。东北等地冬季长期积雪，应对雪松进行较重修剪，尽量控制适宜的树冠体积，防止大枝被厚重的积雪压断。

（二）白皮松

学名：*Pinus bungeana*

别名：虎皮松、三叶松、蟠龙松。

科属：松科松属。

白皮松（图4-2）幼树枝条自然分布、稠密均匀，树形优美，一般不需进行修剪。但幼苗易自下部生出徒长枝而出现双干现象。在苗圃抚育期间，应随时疏除与中央领导干并列的徒长枝。如顶芽被破坏，应及时将附近的侧枝（主枝）用直立棍捆绑扶起，用它代替主干（参阅雪松）。

图4-2 白皮松

孤植应用的白皮松，侧主枝的生长势较强，中央领导干的生长量不大，故形成主干低矮、整齐紧密的宽圆锥形树冠，直到老年期也能保持较完整的体态。对此类树一般不进行整形修剪，只是把枯病枝、影响树形美观的枝条剪除即可。密植的白皮松则因主侧枝生长少，而中央领导干高、生长量大，中心主枝优势较强，能形成高大的主干或圆头状树冠，整形时主要控制中心主枝上端竞争枝的发生，及时疏除或开张竞争枝角度，扶助中心主枝加速生长，以形成理想树形。当轮生的主枝过多时，可每轮只留4～5个分布合理均匀的主枝，而将其他疏除。若部分主枝生长较直立，可在枝条基部系上麻绳，麻绳另一头拴在地面木桩上，通过控制绳松紧度，调整分枝角度。

大树移植前要进行枝干修剪，最好先将树干主梢、粗大侧枝的侧梢同步缩截，一般修剪强度为其总长度的 1/4～1/3，以减少叶面蒸腾，截完后立即对主干、侧枝截口进行包封处理，以防树干水分散失。白皮松生长量较小，在正常季节种植白皮松苗木，一般只是对劈裂枝进行修剪，但在冬季进行移植时，苗木根部不能充分吸收水分，茎叶蒸腾量大，水分收支容易失衡，造成苗木枯梢或死亡，须通过修剪来平衡树势。采用疏剪的方式进行修剪，在剪掉劈裂枝的同时疏剪掉交叉叉枝、重叠枝、病虫枝、下垂枝等，尽可能地在保证原树形的前提下，适当多修剪掉一部分枝叶来减少树木蒸腾，保证水分收支平衡。同时剪掉所有的松球，尤其是当年形成的松球，减少由结果造成的树势衰弱，提高移植苗木成活率。

（三）油松

学名：*Pinus tabulae formis*

别名：红皮松、短叶松、黑松、赤松。

科属：松科松属。

油松（图 4-3）生长较慢，一般作观赏树，园林中以自然式整形为主，也可任其自由生长，观赏其自然树形。如作行道树栽植的苗木，在苗圃中培育 6～7 年以后，应每年将其分枝点提高一轮，到出圃时就能达到分枝点在 2.5 m 以上的高度。油松萌芽力不强，整形修剪应在秋冬季进行。此时新芽生长结束，老叶已落，树液流动较慢，可从基部剪除弯曲枝、圆弧枝、枯萎枝、病虫枝，并注意保护主干顶梢。失掉顶尖时，首先从最上一轮主枝中选一个健壮的主枝，将其扶直，如在中干上绑一个粗细适度的棍子，将选留预备代替主尖的枝条与棍子的上方一起绑直，使枝条向上，并将顶上一轮其余枝条重剪回缩，然后再将其下面的一轮枝条轻剪回缩即可。提干修剪不宜一次剪得过重，剪口要稍离主干，防止伤口流胶过多，影响树势。

油松再生能力较弱，通常无法做大量而深度的修剪，可在春至夏的萌芽期，不断摘叶、掐绿与修剪新梢以保持树形。具体方法是将过长的新芽摘除，普通的芽折去一半，又长又粗的芽保留 1/3 即可。摘叶时应慎重，注意量的控制，摘叶不可太多，尤其要保留一定数量的芽，否则影响树势，没有效果。摘叶后需配合适当的栽培养护措施，使树体更新复壮，形成优美的树形。

图 4-3　油松

油松顶端优势明显，主干易养，主枝轮生状，但当轮生的主枝过多时，则中央干的优势易被减弱。因此，可每轮只留 4～5 个分布合理均匀的主枝，一般要求枝间上下错开、方向匀称、角度适宜。而将其他多余主枝疏除。对长势强的枝条进行回缩，留下长势弱的下垂枝或平侧枝。修剪后观察树体各层次间隔和主枝角度，使树体层次分明、通风透光良好。

（四）华山松

学名：*Pinus armandii*

别名：五叶松、白松、五须松。

科属：松科松属。

华山松（图 4-4）干枝苍劲，叶翠姿秀，是园林中的珍贵观赏树种。顶端优势明显，且主枝轮生状，如果一年轮生的主枝数量过多，则中央干的优势易被减弱。因此可每轮只留 4～5 个分布合理均匀的主枝，而将其余的疏除。作庭园观赏的华山松，修剪易引起剪口流胶，应注意保护下枝，少修剪，多采用自然式整形方式。

修剪宜在秋冬季进行，若修剪过晚（3～4月）会使树液外流过多，影响之后的生长。主要是通过短截来控制枝条的加长生长。疏剪过密枝、弯曲枝、内向枝、重叠枝、细弱枝与枯枝，并对过长而影响树形的枝条进行缩剪，修剪宜疏枝而忌短截。冬季枝条基部叶子会发黄，既影响美观，又易引起病害发生，此时用竹棒轻轻敲打枝条，使黄叶脱落，也可人工摘除。

图 4-4　华山松

生长期顶芽萌发后所长出的新梢一般生长很快，常常突出于树冠之外，使树形遭到破坏，可通过抹芽防止叶丛过密（参考油松）。在每年4月把侧枝上的主芽用手摘掉2/3或全部抹掉；两周以后，在抹去顶芽的部位能同时萌发出2～5个副芽，这些副芽使体内的营养分散，生长势很弱，因此能保持比较平整稠密的树冠。留下的部分一定要有叶芽，同时保留不同方向的2～4个芽，其余用手除去。若仅留下下部的花芽，花芽开花后即全部脱落，新梢易枯死。摘后不能喷水，要使伤口干后再喷水。对二年生侧枝也应适当短截，在剪口附近能同时萌发几个新芽，既保持了树冠的原有层次，又能使松叶紧凑，创造丰富、圆浑、自然的树形。

（五）圆柏

学名：*Sabina chinensis*

别名：刺柏、桧柏、红柏。

科属：柏科圆柏属。

圆柏（图4-5）耐修剪，顶端优势强。自然树冠尖塔形或圆锥形，老树则成广卵形、球形或钟形。一般采取常规修剪。对主干附近的竞争枝应进行短截，保证中心主干的顶端优势。主干顶端如受损伤，应选择一直立向上生长的枝条或在壮芽处短截，并把其下部的侧芽抹去，抽生出直立枝条代替，避免形成多头现象（参照雪松）。树冠下部的枝条均应保留，形成自然冠形，不可剪除下部枝条。

图 4-5　圆柏

幼树易自下部生出徒长枝，而出现双干现象。在苗圃抚育期，应随时疏除与中央领导干并列的徒长枝。休眠期修剪培养骨架和枝组，并疏除多余的枝条和芽，以便营养集中于树枝与芽上，使新枝生长充实。同时疏除老弱枝、伤残枝、病虫枝、交叉枝及一些扰乱树形的枝条，以使树体健壮、外形饱满、匀称、整洁。修剪宜在春梢抽生前老叶最多或老叶将脱落、严寒已过的晚春进行。

幼树主干上距地面20 cm范围内的枝全部疏去，选好第一个主枝，剪除多余枝条，每轮只保留一个枝条作主枝。要求各主枝错落分布，下长上短，呈螺旋式上升。如创造龙游形树冠，则可将各主枝短截，剪口处留向上的小侧枝，以便使主枝下部侧芽大量萌生，向里生长出紧抱主干的小枝。在生长期内，当新梢长到10～15 cm时，修剪1次，全年修剪2～8次，抑制枝梢徒长，使枝叶稠密成为群龙抱柱形。应疏去主干顶端产生的竞争枝，以免造成分权树形。圆柏自然疏枝慢，应人工打枝，方法为主干上主枝间隔20～30 cm时及时疏剪主枝间瘦弱枝、衰老枝，有利于通风透光，减少病虫害，且有利于形成无节疤的良材。对主枝上向外伸展的侧枝及时摘心、剪梢、短截，以改变侧枝生长方向，造成螺旋式上升的优美姿势。

如作为行道树因下部枝过长妨碍交通时，应剪除下枝而保持一定的枝下高度。枝下高度控制在1 m左右，要求各主枝错落分布，呈螺旋式上升，当新枝10～20 cm时修剪一次，全年修剪2～4次。对主枝上向外伸展的侧枝及时摘心、剪梢，以改变侧枝生长方向。修剪后检查高度，彼此不能差50 cm。

在草坪上作孤植树时留的主干很低，留的裙枝也越低越好。作绿篱或规则式栽植时一般根据使用的要求决定造型，修剪的高度压低至1 m左右。春末夏初进行第一次修剪，盛夏到来时，生长基本停止，转入组织充实阶段，形状可保持很长的一段时间，立秋以后，如果水肥充足，会抽生秋梢并开始旺盛生长。此时进行第二次全面修剪，通常在"五一"和"十一"前进行。也可通过用铅丝、绳索，采取蟠扎、扭曲等手段，按一定的物体造型，由其主枝、侧枝构成骨架，然后通过绳索牵引将其小枝紧紧抱合，或者直接按照仿造的物体进行细致的整形修剪，从而整剪成各种雕塑式形状。

（六）龙柏

学名：*Sabina chinensis cv. Kaizuka*

别名：龙松、绕龙柏。

科属：柏科圆柏属。

龙柏（图4-6至图4-8）树姿挺拔，枝条扭曲，形似游龙盘旋，姿态奇特，是优美园景树种。此外，龙柏萌芽力强，易造型，除自然式修剪外，还被修整成斜干式、曲干式或龙游式。修剪时注意维护主枝防止分杈，维护下枝，疏剪过密新梢，短截过长新梢。

图4-6　龙柏

图4-7　龙柏造型

图4-8　龙柏花瓶

圆柱形龙柏造型时，需主干明显，每轮只留一个主枝。第一主枝高度约20 cm，其下的枝条全部疏除掉。依次向上的主枝与第一主枝或相邻主枝都应相隔20～30 cm并且错落分布，呈螺旋上升（参考圆柏）。各主枝修剪时应从下至上逐渐缩短，以促进圆柱形的形成。影响树形的大枝条宜在冬季进行修剪，以免树液外流，影响翌年生长。大枝修剪宜慎重，一旦失去，难以填补树冠空缺。主枝要短截，剪口落在向上生长的小侧枝上，各主枝剪成下长上短，以确保圆柱形的树形，主枝间瘦弱枝及早疏除以利透光。

在生长期内每当新枝长到10～15 cm时依次短截各主枝，全年剪2～4次，以抑制枝梢的徒长，使枝叶稠密，形成群龙抱柱状态。注意控制主干顶端竞争枝。每年对主枝向外伸展的侧枝及时摘心、剪梢或者短截，以改变侧枝生长方向，使之不断造成螺旋式上升的优美姿态。以后每年修剪如此反复进行即可。

夏季修剪时枝条已老熟，剪后1个月左右还会长一次新芽，一般以摘心为主，当初夏进入旺盛生长期，应及时进行摘心和打梢，保持每个小枝呈圆锥状生长，否则枝端尖凸，影响美观，摘心要用手摘，忌用剪刀，否则会损伤枝上其他叶芽。摘心每年进行3~5次，则树冠浓密。在摘心过程中要重视引干工作，吊扎主干，保持主干向上优势，避免出现双头现象。

此外，龙柏在生长过程中易出现返祖现象，应及时剪除刺状针叶，以免蔓延。当受雪压或其他原因易导致树形松散，影响观赏效果时，应注意适度整形。

龙柏树形还可攀揉盘扎成龙、马、狮、象等动物形象，也有的修建成圆球形、鼓形、半球形，或栽成绿篱，经整形修剪成平直的圆脊形，观赏效果极佳。若修剪成龙柏球，方法为去顶芽或修剪，可在初夏进行，待7~8月再修一次，促使侧芽大量萌发造型。

（七）侧柏

学名：*Platycladus orientalis*
别名：扁柏、扁松、扁桧、香柏。
科属：柏科侧柏属。

侧柏（图4-9）寿命长，耐修剪，自然树形为圆锥形，可作行道树、园景树，也可修剪成绿篱或作雕塑造型。在不妨碍交通和其他公用设施的情况下，作行道树宜采用自然式冠形，每年仅疏除病虫枝、过密枝。

侧柏顶端优势强，作行道树或园景树时，主要是选留好树冠最下部的3~5个主枝，一般要求枝间上下错开、方向匀称、角度适宜，并剪掉主枝上的基部侧枝。如果主干顶梢受损伤，应选直立向上生长的枝条或壮芽代替、培养主干，抹其下部侧芽，避免多头现象发生（参照雪松）。

整形修剪一般在11—12月或早春进行。可以疏除部分老枝。若枝条过于伸长，则于6—7月进行一次修剪。春剪（或冬）在除掉树冠内枯枝与病枝的同时，要把密生枝及衰弱枝剪除，以保持完美株形，并促进当年新芽的生长。如为使

图4-9　侧柏

整个树势有柔和感而修剪时，只限于剪掉枝条的1/3。幼树生长旺盛宜轻剪，以整形为主，尽量用轻短截，避免直立枝、徒长枝大量发生，造成树冠郁闭。

由于其生长较慢，多作矮篱。一般剪掉苗高的1/3~1/2；为尽量降低分枝高度、多发分枝、提早郁闭，可在生长季内对新梢进行2~3次修剪，如此绿篱下部分枝均匀、稠密，上部分枝冠密接成形。

（八）云杉

学名：*Picea asperata*
别名：粗枝云杉、大果云杉、粗皮云杉。
科属：松科云杉属。

云杉（图4-10）树姿端正，自然树形良好，修剪时主要防止主梢分权，适当疏剪使主枝分布均匀。虽然云杉耐修剪，但不需多修剪。修剪常在冬季进行。将过密枝、内向枝、重叠枝、细弱枝与枯枝等自基部剪除即可。

图 4-10　云杉

图 4-11　广玉兰

云杉顶芽发达，一般具有明显的中心主干，且均由顶芽逐年向上延长生长而形成，大枝斜上伸展，小枝纤细，故幼年树冠略呈圆柱形。随年龄的增长，逐渐由圆柱形变为广椭圆形。选留好树冠最下部的 3～5 个主枝，一般要求枝间上下错开、方向匀称、角度适宜，并剪掉主枝上的基部侧枝。如果主干顶梢受损伤，应选直立向上生长的枝条或壮芽代替，培养主干，抹其下部侧芽，避免多头现象发生。当树高生长到 3 m 以上时，中心主干下部主枝要逐渐疏除 2～3 个，以当年顶端的新主枝来递补。自春季新芽萌动开始到夏初为止是云杉的加长生长阶段，在此期间要不停地修剪新生的"烛心"状嫩梢，当嫩梢长到 3 cm 左右时，将它剪掉 1/2～2/3，从而防止侧枝无限制生长，促使其加粗生长，才能保持稠密的树冠和防止树膛中空。

（九）广玉兰

学名：*Magnolia garandiflora*

别名：大花玉兰、荷花玉兰、洋玉兰。

科属：木兰科木兰属。

广玉兰（图 4-11）树干挺拔，叶大荫浓，花大而芬芳，是优美的园林观赏树种。北方常孤植或对植作园景树，南方可作行道树。

广玉兰分枝规律，多任其生长，不加整形修枝。若为嫁接苗，往往在干基部萌生砧木芽，应及时剪除。广玉兰嫁接成活后的几年，一般不用修剪，但应采取摘心措施控制顶芽附近的侧枝，以保证中心主干的优势地位。移栽时一般不截干。修剪程度要根据土球大小、移栽季节、运输距离以及养护条件等情况而定。刚移栽的幼树冬季易受大风侵害造成倒伏，需在 1～2 年内用木棍等作支架予以支撑。要及时除去花蕾，使剪口下壮芽迅速形成优势，向上生长，并及时除去侧枝顶芽。定植后回缩修剪过于水平或下垂枝条，维持枝间平衡关系，使每轮主枝相互错落，避免上下重叠生长。夏季，随时除去根部萌蘖，疏剪冠内过密枝、病虫枝。主干上第一轮主枝要剪去朝上枝，主枝顶端附近的新枝注意摘心。幼年期树干高应尽量保持在树高的 3/4～4/5；定植后的广玉兰，一般干高不宜小于 2/3。由于广玉兰发枝力弱，夏季修剪要注意将根部萌蘖枝随时剪除；花期及时摘去花蕾；中心主枝附近出现竞争枝时，竞争枝要及时进行摘心或剪梢。掌握冠干比不小于 2:3。最下一层主枝为 3～4 个，应当均匀分布于主干四周，尽量不使同出一轮。如果主枝过于水平甚至下垂，则要通过回缩修剪，剪除下垂部分，保留朝上侧枝作为延长枝，以缩小夹角，增强枝势。相反，有的主枝夹角过小，长势太旺，则应剪去其上原来的朝上枝，留斜向外方生长的小枝，随着枝间夹角扩大，该枝长势便削弱，以期维持枝间平衡关系。主枝顶端附近的新枝注意摘心，并注意剪口位置。第二轮主枝的配备，务要注意与第一层的相互错落着生，切忌上下层枝间重叠生长，以充分利用空间和阳光。每年如此反复剪留，但要注意使每层枝条越向上越短。

广玉兰的发枝力、萌芽力差，不耐修剪，故修剪时要谨慎，以免影响树形。广玉兰伤口愈合较慢，不宜在严寒季节进行，最好选择在花芽形成膨大期的冬季至早春进行为宜，最迟不要超过花朵开放时期。成年树枝下高度一般为1.5～2 m，要保持主干优势，具3～5个分布均匀的主枝为宜，对主干上多余的枝条从基部剪除，保持树冠端正。及时摘除侧芽，保持顶芽生长，以后再生侧枝不除。随着树高增长，枝下高可以逐步提高。但各轮主枝的数量一般可减少到1～2个。对于树冠内过密的弱小枝，可以做适当疏除修剪，同时疏除各种病虫枝、下垂枝和内向枝。但对主枝上的各级侧枝，一般不要随意短截或疏除，以免减少开花量。但当主、侧枝的延长枝生长量明显下降，开花数量逐渐减少时，说明植株已开始衰老，要选择生长粗壮的分枝处进行回缩短截修剪，促进萌发新枝。随着树龄的增长，下垂枝条日益增加，不断扩展，既影响树下配置花灌木的景观效果，又影响主干的延伸生长，出现秃顶现象。因此，对严重下垂的枝条必须及时从基部剪除。对于"头重根浅"的树体，应在多风季节到来前，对枝叶进行修剪，使其透风透光，减少阻力。

（十）女贞

学名：*Ligustrum lucidum*

别名：冬青、蜡树、大叶女贞。

科属：木樨科女贞属。

女贞（图4-12）修剪多在11月底至翌年3月底叶芽萌动期进行。苗圃移植时，要短截主干1/3。在剪口下只能选留一个壮芽，使其发育成主干延长枝；而与其对生的另一个芽，必须除去。为了防止顶端竞争枝的产生，同时要破坏剪口下第一对至第二对芽。定植前，对大苗中心主干的一年生延长枝

短截1/3，剪口芽留强壮芽，同时要除去剪口下面第一对芽中的1个芽，以保证选留芽端优势。为防止顶端产生竞争枝，对剪口下面第二对、第三对腋芽要进行破坏。位于中心主干下部、中部的其他枝条，要选留3～4个（以干高定），有一定间隔且相互错落分布的枝条主枝。每个主枝要短截，留下芽，剥去上芽，以扩大树冠，保持冠内通风透光。其余细弱枝可缓放不修剪，辅养主干生长。夏季修剪主要是短截中心主干上主枝的竞争枝，不断削弱其生长势即可。同时，要剪除主干上和根部的萌蘖枝。

图4-12　女贞

第二年冬剪，仍要短截中心主干延长枝，但留芽方向与第一年相反。如遇中心主干上部发生竞争枝，要及时回缩或短截，以削弱生长势。只要第一年修剪适当，除顶端生长一延长枝外，还会在下部抽生几个枝条，要从中选留1～2个有一定间隔且与第一年选留的几个主枝互相错落着生的枝，作为第二层主枝，并进行适度短截。第三年冬季修剪也要与前几年相仿，但因树木长高，应对主干下部的几个主枝逐年疏除1～2个，以逐步提高枝下高。

对于多年疏于修剪管理、中心主干无明显延长枝的女贞大苗，应选留生长位置与主干较为直顺的一个枝条短截，作为主干延长枝，同时要剥去或破坏剪口下对生芽中的1个芽及其下方的2对芽，其余强健主枝应按位置及其强弱情况或疏除过密枝，

或施以相应强度的短截措施，以压抑其长势，促进中心主枝旺盛生长，形成强大主干。同时，要挑选位置适宜的枝条作主枝（注意适当间隔和错落分布）进行短截，短截要从下至上，逐个缩短，使树冠下大上小。经3～5年的修剪，主干高度够了，可停止修剪，任其自然生长。

若作庭荫树，应培养中央主干，在树冠顶部选一强势、直立的主枝作为中央主干，将其余主枝作适当短截和疏剪，以促进中央主干的旺盛生长，逐步形成挺拔的主干。

若作行道树，应控制分枝点高度为3.5 m。修剪宜早，以免留下的桩节过大，影响树干美观，亦可减少不必要的营养消耗。若苗木主干上有大伤口或大疤痕，严重影响树木的营养传输，会造成女贞树体的老、弱、僵。修剪时应注意对于不需要的而且比较大的侧枝的分次修剪。此外，随着树体生长，剪除树冠内部的枯枝，截短一些矛盾枝，如碰线枝、碰房枝等，将树冠控制在一定高度，与高空架线及建筑物保持一定距离，以保证安全。

如果用作绿篱栽植，因女贞生长迅速，每年要修剪2～3次，以保良好形状。及时剥除萌蘖。疏除过多、过密枝条。冬季修剪疏除过密枝、细弱枝、干枯枝、病虫枝、重叠枝、杂乱背下枝。短截留下的枝条，剪口在枝条拱起部位，剪口处应留外向芽。留下的枝条应错落相间。

二、常见落叶乔木的整形修剪

（一）三球悬铃木

学名：*Platanus orientalis*
科属：悬铃木科悬铃木属。

悬铃木（图4-13）多指三球悬铃木，生长迅速、挺拔秀丽、冠大荫浓，享有"行道树之王"的美誉。我国各大城市广泛引种种植，数量众多，成为很多城市的行道树主栽种类。每年初夏，由于树冠宿存的大量球果老熟散落，种粒顶端毛状花柱和基部褐色长毛随风飘浮，不仅迷人眼睛，还刺激人的呼吸道，很容易造成咳嗽和支气管炎症，给市民带来不少困扰。通过合理的整形修剪不仅可以获得理想的树形，还可控制悬铃木的结果量，有效缓解飘毛发生。

图4-13　悬铃木

用作行道树的悬铃木，可采用自然开心形或杯状形树形。修剪时期宜在11月底至翌年3月初叶芽萌动前。

1. 自然式修剪

保留强壮顶芽，在树冠顶部选一强势直立的主枝作为中央主干枝，将其余主枝短截和疏剪，以促进中央主干枝的旺盛生长，逐步形成挺拔的主干，并使各级分枝生长健壮，树冠不断扩大。大树成形后，一般不做过多修剪。

2. 杯状造型修剪

当树高3.5 m左右截去主干，生长期内在剪口处保留3个分布均匀和斜向上生长（与主干大约呈45°角）的枝条作主枝，留30～50 cm短截，其余枝条全部剪去，以形成三大主枝，在生长期内及时剥芽，保证三大枝的旺盛生长。第一年冬季，在每个主枝上选留2个二级主枝并短截，以形成6个二级主枝。要求二级主枝在一级主枝的同一方向，冬季侧枝留30～50 cm短截，主枝留50～60 cm短截，同时生长季注意除去竞争枝和萌蘖，以保持主枝优势。第二年冬季，在6个二级主枝上另一侧距二级主枝40～50 cm，各选留2个枝条作三级主枝，留40～50 cm短截，以后每年冬剪要注意培养主枝优势，剪除病虫枝、直立枝、竞争枝、重叠枝，剪去过密的侧枝，经3～4年培养，形成3叉6股12枝的杯状造型。注意剪口留外向芽，主干延长枝选用角度开张的壮枝。在选留枝条和选取剪口部位时，必须要把握二级枝弱于一级枝，三级枝弱于二级枝。大树成型后，宜每年冬季做一次修剪，主要对其外围侧枝进行修剪，以抑制树木的生殖生长，减少种毛的飞扬，避免采用"截干"等强度修剪方法，以免对植物生长造成重大伤害。当主侧枝扩展过长时，要及时回缩修剪，以刺激主侧枝基部抽生枝叶，防止光秃，保证有较厚的叶幕层。

3. 日常修剪

日常修剪应及时将树冠内部的枯枝、细弱枝、病虫枝、直立枝、内向枝、下垂枝等剪除。对于交叉枝，应留外向枝，剪除内向枝；而对并生枝，应留强去弱。短截扰乱树形的徒长枝，对强枝及时回缩修剪，以防树冠过大招风，并使树冠通透，增强通风透光性，保持良好的生长势和优美树形以及增强抗风能力。离建筑物较近的行道树，为防止枝条扫瓦、堵门、堵窗，影响室内采光和安全，还要短截一些矛盾枝，如碰线枝、碰房枝等，将树冠控制在一定高度，与高空架线及建筑物保持一些距离，以保证安全，及时去除树干基部及主干上的萌蘖枝，以减少营养消耗，逐步培养优美的树形。

若用作庭荫树需要采用自然树形即可。可当枝条萌生后，选留主干顶部一生长健壮、直立的枝条作为主干延长枝培养，其余枝条全部剪除。冬季疏除直立徒长枝、背上枝，短截竞争枝，保持主干延长枝的顶端优势。每年如此，即可培养成中央领导干形的树冠。之后只作常规性修剪，以调整树势为目的，对树冠内的密生枝、竞争枝、细弱枝、干枯枝、病虫枝及时疏剪。

悬铃木生长过程中有时会出现偏冠现象，一是一侧枝条开张角度较大，另一侧枝条角度较小，导致偏冠；二是一侧枝条生长旺盛，另一侧长势较弱，形成偏冠。对于第一种情况，修剪角度开张大的一侧时，保留角度小的枝条，疏除角度大的枝条；另一侧相反，保留开张大的枝条，疏除角度小的枝条；若偏冠严重，可适当短截开张角度大的一侧，再调整另一侧的角度即可。对于第二种情况，可将生长旺盛一侧的枝条适当疏除一部分，留下的枝条适当短截至弱芽处，以控制其长势；长势较弱的一侧，根据具体情况，适当短截至壮芽处，刺激其生长；有障碍物的，在躲过障碍物后要及时调整树势扩大树冠。

（二）槐树

学名：*Sophora japonica*
别名：国槐、豆槐。
科属：豆科槐树属。

槐树（图4-14）是中国庭院常用的特色树种，冠大荫浓，尤适于作庭荫树和行道树。树形常采用高干自然开心形。一年生苗顶端柔软下垂，冬剪时，应短截主干顶端，剪口下宜留在弯曲处的直立芽上方。剪口下20 cm内，如有弱小枝应全部疏除。主干中下部的侧枝，如果其粗度不超过其着生部位的1/3，则可短截保留，以增加光合叶面积。第二年春，剪口下通常可形成6～7个新枝，当其长度为30 cm时，选一个粗壮枝作主干延长枝，其余均剪梢，以控制长势，同时加强主干延长枝的顶端优势，促其直立生长。第二年冬季，当主干长到预定高度（通常为4 m左右）时，则可定干。剪去主干顶端，使其高度在 3.5 m 左右。剪口以下，选取三个各向一方伸展的枝条作主枝，这三个枝条在主干上相距 20 cm 左右。短截各个主枝，剪口下留向外的芽，以扩大树冠。主干中下部的所有侧枝，均应疏除。夏季修剪，以抹除主干中下部和整形带内的萌芽枝为主。

图 4-14　槐树

定干后的冬剪，除继续短截各主枝以外，要在离主干 40 cm 左右的第一主枝上，选留第一个侧枝短截，但其长度不超过主枝头。主枝上的其余枝条，密处疏除，稀处不剪，以缓和长势，作辅养枝。其余两个主枝也同样短截，但侧枝选留应与第一主枝在同一方向。

翌年冬剪，继续短截主枝和侧枝顶部，同时各主枝在另一侧再选留第二侧枝短截。以后逐年修剪，同上年。当主枝延伸过长时，要及时回缩。各级侧枝也要进行回缩修剪，以保持主从关系。

（三）垂柳

学名：*Salix babylonica*

别名：水柳、倒柳。

科属：杨柳科柳属。

垂柳（图 4-15）枝条柔软，纤细下垂，微风吹来，妩媚多姿，是河岸、湖边常用的绿化美化树种。也可作行道树、庭荫树等。垂柳在生长过程中，常因为枝条柔软而不易控制树干，需要通过修剪进行整形。

1. 幼树整形

当扦插苗生根成活后，插穗地上部分会长出 3～5 个嫩枝。当嫩枝长到 20 cm 时，选择一个位置好、生长健壮的枝条作主干培养，将其下面的嫩枝留一枝进行摘心，以减弱生长势作预备枝，其余的嫩枝全部抹去，使营养集中供给上端的主干生长。若顶端嫩枝因方位不适或受其他损害，生长不及第二嫩枝时，则可连同插穗顶端剪去，使第二枝处于最高位，保持优势，以接替第一枝成为主干继续生长。

图 4-15　垂柳

当主干长到 1.5 m 时，进行夏季修剪，以削弱高生长势，加强粗生长势。剪口下留芽方向要与主干生出的方向相对，以便形成通直的主干。在剪口下的主干上，将接近上端的几个侧枝进行疏剪，向下的侧枝要剪梢，使其高度不超过主干剪口，以确保主干的顶端优势。

2. 定植修剪

定植前将主干顶端一年生部分短截。截去长度按苗木强弱程度而定，强壮的可截短些，瘦弱者可截长些。但剪口处必选留健壮芽，以形成强健新梢。如果剪口附近有小枝，则要剪去 3～4 个，以防与中心枝竞争。主干高度 1/3 以下的侧枝，应全部疏除。其上部枝条，可选择 2～3 个相距 40～50 cm、相互错落分布的健壮枝进行短截，作为第一层主枝。其余枝条中强壮的可疏除，瘦弱的可缓放不剪，以扩大光合面积，促进中心主枝的生长。

3. 树形培养

第二年冬季，短截中心主枝，同时剪去剪口附近的 3～4 个枝条。夏季在新梢上再选留第二层主枝并短截顶端（应与第一层三个主枝错落分布）。然后对上年选留的主枝进行短截，剪口留上芽，以扩大树冠，但应控制其粗度不超过主干粗度的 1/3，这样即可形成主干明朗、主枝层次分明、柳枝下垂的倒卵形树冠。

以后逐年修剪，方法同上一年，但只是每年留一层主枝，同时疏除最下一层主枝。随着树高的增长，枝下高度不断提高，但主枝维持在 5 个左右。达到一定高度，要停止修剪。每年只将萌芽条以及过于低垂而又有碍观赏的枝条适当剪除。

（四）毛白杨

学名：*Populus tomentosa*

别名：白杨、笨白杨、大叶杨、响杨。

科属：杨柳科杨属。

毛白杨（图 4-16）高大挺拔、雄伟壮观，是北方地区常见的行道树种。由于其顶端优势明显，极易造成圆锥形树冠，在人工修剪的情况下，宜采用主干形树冠。

图 4-16 毛白杨

1. 幼苗期修剪

幼苗长至 20 cm 以上时，在上端发出的几个嫩枝中选留一个健壮枝作主干培养，其余的随即抹除。一般情况下，1～3 年幼苗不宜进行大修枝，以免削弱树势。

2. 幼树移栽修剪

移栽后分布在主干下部的侧枝可以全部疏剪，而中上部的，则应短截侧枝先端，注意自下而上，逐渐缩短，呈宝塔形，主干先端如有竞争枝，务必先短截至弱芽、弱枝处，第二年冬剪时再进行疏除。剪梢长度一般不超过苗高的 1/3。此后 2 年在休眠期和生长季内均须进行修剪。

（1）休眠期

如主梢长势太弱，不如下部侧枝者，应采取换头法。即将下部健壮侧枝以上的全部枝条剪掉。若顶芽被损、梢头被折或干梢时，可在主枝壮芽处短截或用生长较直立的侧枝取代主枝，其余侧枝在生长期内予以短截。

（2）生长季

第一次修剪一般在 5 月份，主要是短截生长旺盛的侧枝，一般要去掉其长度的 2/3。第 2、3 次修剪一般在 6 月中下旬、7 月中旬，主要是剪短直立、强壮、徒长的竞争枝，对生长过旺的粗大侧枝，应重剪至该枝的弱二次枝上。毛白杨夏季生长速度快，主干上侧芽萌发力也很强，故必须及时进行剥芽。靠近主干侧枝易形成竞争枝，应及时疏除。如果侧枝过粗，则不宜立即疏除，可先短截，冬剪时再疏除。

3. 定干修剪

一般行道树分枝点高 3.5～4 m，如果在郊区可定 4～6 m。主尖如果受损，必须扶 1 个侧枝作主尖，将受损的主尖截去，并除去其侧芽，防止发生竞争枝，出现多头现象。

（1）选留主枝

毛白杨每年在主轴上形成一层枝条。作行道树修剪时每层留 3 个主枝即可，全株共留 9 个主枝，其余疏掉。然后短截各主枝，一般下层留 30～35 cm，中层 20～25 cm，上层 10～15 cm，所留主枝与主干的夹角为 30°～80°。

（2）控制侧枝

侧枝或副侧枝的粗度，控制在其着生主枝粗度的 1/3 左右。对于树干内的密生枝、交叉枝、细弱枝、干枯枝、病虫枝疏除。对竞争枝，主枝背上的直立徒长枝，当年在弱芽处短截，第二年疏除。注意控制近于对生的粗大侧枝（卡脖枝）的生长，采用重度短截法，保留 20～30 cm 长残柱，可逐年疏除，以免留下过大伤疤，影响观赏效果。

（3）维持树形

定干后保持冠高比 3∶5 左右，且树干（分枝点以下）高占 2/5 即可。不耐重抹头或重截，应以冬季疏剪为主。主干上的侧枝大体在主干直径 10 cm 左右时基本疏除完。树干及其基部的萌蘖枝要随时剪除，侧枝保持下长上短。尽可能多保留叶面积，到一定时间，高生长停止，则可放任生长。

4. 存在问题及解决方法

（1）主干光秃

成因：幼树定植时的修剪过度，造成主干伤口连片，苗木难以恢复生长势。

改造方法：将树冠高度定为苗高的 1/2。剪除定干高度以下的各枝，以上各枝均应适度短截，保留长度自下而上地逐渐缩短。

（2）偏冠

成因：树体达到一定高度，顶端优势减弱，侧枝生长势加强，树冠顶端易弯曲。

改造方法：在靠近顶端部位选一直立、健壮、生长旺盛的侧枝进行换头。

（五）臭椿

学名：*Ailanthus altissima*

别名：白椿、椿树。

科属：苦木科臭椿属。

臭椿（图 4-17）挺拔秀丽，枝叶婆娑，在欧美国家有"天堂树"的美称，是优良的行道树和园景树种。臭椿有明显的主轴，主侧枝分明，要注意保护顶芽及保持端直的树干。

1. 苗期修剪

一般采用播种繁殖。如果播种小苗出现主干不通直的现象，可在翌年春季从地面截干，萌发后于 4—5 月留一个健壮的萌芽条，连年摘芽抚育，促使主干不断延伸，待树高生长达到要求高度时停止摘芽。第三年在春季树芽萌动后及时采取修剪措施，将上年主干上部新长出的轮生侧枝剪去。幼树茎很脆，容易折断，要注意保护。

图 4-17 臭椿

2. 定干修剪

首先要确定分枝点高度。行道树分枝点高 3.5～4 m，定干后在剪口下选 3 个邻近的生长健壮、分布均匀的主枝进行短截，留长 40 cm 左右，其余的全部疏剪掉。强枝要轻截，新枝重截，以平衡三者势力。剪口下的芽必须留侧芽，剥除上方芽。到夏季萌出新芽后，及时剥芽，保留均匀分布的侧芽 3～5 个，使其形成侧枝。第二年继续短截疏枝。每次短截长度为 30 cm 左右。注意主枝上的蘖芽，应随时剥除。冬季，在每个主枝上选 2 个长势相近的侧枝，继续短截，其余一些弱枝可在第三年春季时摘心控制生长，留作辅养枝。第三年冬季，6 个枝上又各生出几个枝，同上年原则，各选 2 个枝条短截，其余小枝作辅养枝。到第四年即可变成"3 杈 6 股 12 枝"杯状形树冠（参考悬铃木）。

庭院种植为了阻挡视线和院内自然风的流通，分枝点一般定为 2～3 m 高。一般采用主干式整形，栽培中要保护顶芽向上生长。主干顶端如受损伤，应选择一直立向上生长的枝条或在壮芽处短剪，并把其下部的侧芽抹去，抽出直立枝条代替，避免形成多头现象。

3. 维持树形

对主枝延长枝重截，使腋芽萌发，其余过密枝要疏去，如果各主枝生长不平衡，夏季对强枝摘心，以抑制生长，达到平衡。对于过长过远的主枝要进行回缩，以降低顶端优势的高度，刺激下部萌发新枝。如果须疏除大枝，应当分次进行，切不可一次锯掉。定型后只要清除一些干枯枝、病虫枝、内膛细弱枝、交叉枝、过密枝即可。

另有新种"千头椿"，其修剪一般采用自然式整形，修剪时主要促发新枝，形成多主枝和茂盛的伞形树冠。

（六）栾树

学名：*Koelreuteria paniculata*

别名：大夫树、灯笼树。

科属：无患子科栾树属。

栾树（图4-18）树形端正，枝叶茂密而秀丽，春季嫩叶多为红叶，夏季黄花满树，入秋叶色变黄，果实紫红，形似灯笼，十分美丽，是理想的绿化观叶树种。宜作庭荫树、行道树及园景树。

栾树树冠近圆球形，树形端正，一般采用自然式树形。因用途不同，其整形要求也有所差异。行道树用苗要求主干通直，第一分枝高度为2.5～3.5 m，树冠完整丰满，枝条分布均匀、开展。

图4-18　栾树

庭荫树要求树冠庞大、密集，第一分枝高度比行道树低。修剪一般在冬季或移植时进行。

（七）白蜡树

学名：*Fraxinus chinensis*

别名：青榔木、白荆树。

科属：木樨科白蜡属。

白蜡树（图4-19）形体端正，树干通直，树冠圆整，枝叶繁茂而鲜绿，秋叶橙黄，是优良的行道树和遮阴树，可用于湖岸绿化和工矿区绿化。

白蜡树一般于早春对植株进行截干，根据需要不同，定干高度在1.0～2.0 m之间。进入生长季节后，植株会从截干处萌生出2～4个主枝，当主枝长至10～15 cm及以上时，对主枝实施短截，待主枝分生出侧枝后，对侧枝再进行短截。经过3～4次修剪后，树形接近球形。秋季落叶后，根据每个树形的具体情况，再进行1～2次的细部修剪，如疏除内膛枝和重叠枝，一般即可成形。修剪好的白蜡树树形圆整，枝条茂密，错落有致。

图 4-19　白蜡树

（八）五角枫

学名：*Acer momo*

别名：地锦槭、色木、丫角枫、五角槭。

科属：槭树科槭树属。

五角枫（图 4-20）树形美观，叶片光洁，花色清淡，秋叶亮黄色或红色，翅果美丽，适宜作庭荫树、行道树及风景林树种。抗烟尘能力强，适于厂矿绿化。

图 4-20　五角枫

早春定干后选留 2 层主枝，全树留 5～6 个主枝，然后短截。夏季要掰芽去蘖，保证主枝生长。分枝点以下蘖芽全部除去。在主枝上选方向合适、分布均匀的芽留 3～4 个（相互错开）进行二次定芽，每个主枝留 2～3 个发育成枝，以后发育成圆形树冠，保持冠高比 1：2。每年掰芽去蘖，剪掉干枯枝、病虫枝、内膛细弱枝、直立徒长枝等。

（九）楸叶泡桐

学名：*Paulownia catalpifolia*

别名：空桐木、水桐、桐木树。

科属：玄参科泡桐属。

楸叶泡桐（图 4-21）树干通直高大，树姿优美，树冠美观，叶似楸叶，花色淡紫，且有较强的净化空气和抗大气污染能力，是城市和工矿区绿化的好树种，适宜四旁绿化。

整形修剪常采用下述两种方法：

1. 平茬高干法

楸叶泡桐大苗栽植后受到损伤或苗木生长不良时常用此法。在管理水平较高的情况下，连续两年平茬的效果最好。不仅可达到泡桐高干的要求，而且根系生长发育较好，切口愈合快而完全。具体方法是：在苗木定植后将主干齐地面平剪，剪口要平整（过粗者用锯），并用细土将剪口埋住。春季从基部长出 1～2 个枝条，待其长度达 10～15 cm

图 4-21　楸叶泡桐

时，留一方向好、生长旺盛的作主干培养，其余的剪除。加强肥水管理，第二年泡桐根系强大，如上年一样再进行第二次平茬，树高在 1 年生长即达 5～6 m，且干形饱满通直。

2. 抹芽高干法

此法可用于大苗、壮苗和立地条件好的情况。春季新植苗木发芽，当侧芽萌发生长 2～3 cm 时，在树木主干顶端选留一个健壮侧芽作为主干延长枝，继续向上生长。而将对生的另一个较弱的芽剥去，并剪去其上部的瘦弱芽和枝，为保证中心主枝的直上生长，防止竞争枝的产生，要视情况适当损伤顶芽下的几对芽，或于夏季短截这些竞争枝，以削弱其长势。主干中下部萌发出来的新枝，一般受顶端优势控制较强，基本不致生长过旺，故不会对主干造成威胁，应留下不剪，以增加营养面积。在肥水管理良好的情况下，新梢通常可长 2 m 左右。第二年仍按上年方法处理，只是选留主干延长枝的芽应与处在头年的相反方向，以使主干逐步合成上长。并按冠高比要求，逐步疏除主干下部的主枝。以后各年只要注意均衡树势，逐步提高枝下高即可。

（十）银杏

学名：*Ginkgo biloba*

别名：白果、公孙树。

科属：银杏科银杏属。

银杏（图 4-22）树姿雄伟壮丽，叶形优美，寿命长，病虫害少。可单植作庭荫树或行道树，应尽量选雄株，以免熟落果实之异味及污染。秋叶金黄，是重要的秋色叶树。适于公园、住宅小区、行道两旁等绿化，是城市绿化最理想树种之一。

园林中银杏修剪的目的在于使树冠结构合理，通风透光条件好，树姿优美，不能修剪过重或过轻。

1. 幼树修剪

银杏主干发达，顶端优势强盛，故最宜造成主干形。苗木栽植后，可以放任自然生长，不必短截枝顶。随着主干逐年长高，其上也逐年向四周分生主枝，主枝长度由下向上逐个缩短，构成自然圆锥形的主干形。所以幼苗期间，银杏不需加以修剪。但对主干顶端的主枝，一定要抑制住比较直立的强枝，通过短截（剪口下留外芽），减轻树势，或进行曲枝，限制生长，以扶助弱枝，使主枝间生长保持平衡。

图 4-22　银杏

要及时疏除树干上的密生枝、衰弱枝、病虫枝等，使阳光通透。

2. 成年树修剪

银杏成年树枝条上短枝多而长枝少，修剪量宜少。园林绿化中的银杏仅以树形美观为主要，所以不必进行精密修剪。注意将竞争枝、枯死枝、下垂衰老的侧枝进行疏剪或短截，使其尽快更新，健壮生长即可。银杏休眠芽寿命很长，极易萌生，所以主、侧枝更新极易，且树冠或主枝下部也不易光秃无枝。

（十一）柿树

学名：*Diospyros kaki*

别名：朱果、猴枣。

科属：柿树科柿属。

柿树（图 4-23）树形优美，枝繁叶大，冠覆如盖，荫质优良。入秋霜叶红艳，柿果满枝，是园林中观叶、观果又能结合生产的优良树种，在公园、居民住宅区、林带中具有广泛的绿化用途。

图 4-23　柿树

1. 幼树修剪

柿树适宜的树形为主干疏层形。幼树修剪重点是整好树形，新梢生长到 40 cm 左右时摘心，促进分枝扩冠，注意选好主枝方向和角度，保持枝间平衡，要少疏多截，增加枝量。对细弱枝要及时回缩更新。

2. 成年树修剪

成年树修剪重点是培养内膛枝条，防止结果部位外移，同时注意通风透光，做到疏缩结合。对下垂骨干枝要进行回缩换头，回缩到向上斜生的分枝处。对于徒长枝，有空间的可加以利用，培养成结果枝组，填补空间；无空间的可疏去。同时应疏去密生枝、交叉枝、重叠枝、病枯枝等。

（十二）楝树

学名：*Melia azedarach*

别名：苦楝、川楝。

科属：楝科楝属。

楝树（图 4-24）树形优美，叶形秀丽，春夏之交开淡紫色花朵，颇为美丽，且有淡香，加之耐烟尘，是工厂、城市、矿区绿化树种，宜作庭荫树及行道树。

图 4-24 楝树

楝树一年生实生苗往往不产生侧枝，只有通直的主干，中上部分布二回羽状复叶。顶端一段新梢（秋梢）芽密集，但很弱小，而其中一段（夏梢）侧芽特别强壮饱满，为了促进主干的高生长，要去弱留强。在冬春季节，将幼苗的先端剪除，剪口芽留强健饱满芽。剪截强度掌握"壮苗、直顺苗轻短截；弱苗、弯曲苗重短截"的原则。当主干上端新芽长到 3～5 cm 时，选先端第一芽作中心主枝培养，其下几个芽除选留下部 1～2 个较弱芽摘心后作主枝培养外，其余芽尽皆抹除，以节省养分，集中供应中心主枝的旺盛生长，新梢当年即可长高 2 m 左右。如果第一芽因离剪口太近，或受损伤，生长反而衰弱时，可在夏季时将此枝条连同一段老干剪去，用较强壮的第二代芽代替，培养成为主干延长枝。

第二年春，仍如上一年一样，对中心主枝进行短截，只在当年生主干中下部，选留错落分布的 2～3 个新枝作主枝培养，且要与上部所留主枝互不重叠，以不断增加树体营养面积。为控制这些主枝的过曲生长，每年冬季要进行短截修剪，夏季要不断摘心或剪梢。

第三年春季修剪，如同上年，不过剪口芽方向要与上年相反，以便成长通直主干，到定干高度时，停止修剪，且任其自然分枝，形成新的树形。

（十三）合欢

学名：*Albizzia julibrissin*

别名：绒花树、夜合花。

科属：豆科合欢属。

合欢（图 4-25）树形姿势优美，叶形雅致，盛夏绒花满树，有色有香，能形成轻柔舒畅的气氛，宜作庭荫树、行道树，种植于林缘、房前、草坪、山坡等地，是行道树、庭荫树、四旁绿化和庭园点缀的观赏佳树。

图 4-25 合欢

合欢在放任生长情况下，常因顶部数芽在冬季自行死亡，而由其下部几个健壮的芽渐渐形成优势，而取代顶芽，翌春继续向上生长，形成新的主干。每年如此反复生长，形成一个高大的主干，主干上的侧枝自然成形，从而形成一个伞形树冠。

在人工整形修剪时，务求顺其自然特性，适当短截主枝，逐步疏剪侧枝。根据在绿地中发挥的功能作用，确定其所需树形，不可千篇一律。

园林中的合欢，无论是作行道树，还是作孤植、群植，采用自然开心形较适宜。

冬季短截幼苗先端至壮芽处。剪口下如有一年生小枝，必须疏剪3～4个以便腋芽萌生，为培养主干延长枝创造条件。主干中下部的侧枝（除过于强健的），先行短截，剪口下弱枝均宜疏去。

翌年春季，当剪口下新枝长到20 cm左右时，选上端一个健壮的作主干延长枝。为促其直立生长，必须对其附近几个新枝剪梢，以削弱长势。生长旺期，还必须进行2～3次剪梢工作，减弱侧枝势力。

第二或第三年冬剪，如同上年继续短截主干延长枝，但对中下部的辅养枝，以及去年夏剪抑制过的侧枝，均可适当疏除。同时，在延长枝上方相应留下几层侧枝作辅养枝。夏剪控制侧枝，同上年。

第四年，主干高达2 m以上时，即可视情况进行定干。方法是：在主干一定高度处，从侧枝中选出三个枝条，作为自然开心形主枝。三个枝条应有适当间隔，不可为轮生枝。然后在第三主枝上面，剪去多余主干。以后仅靠这三个斜向外方生长的主枝扩大树冠。

第五年冬剪，主要对三个主枝短截，同时在各主枝上培养几个侧枝，彼此要互相错落分布，各占一定空间，同时，侧枝自下而上，务必保持明显的从属关系。

以后，树体高大时即可停止修剪。当树冠扩展过远，下部出现光秃现象时，要及时回缩换头，剪除枯死枝，更新复壮。

（十四）梧桐

学名：*Firmiana simplex*

别名：青桐。

科属：梧桐科梧桐属。

梧桐（图4-26）树干挺秀，干皮光绿，叶大荫浓，光洁美丽，清爽宜人，为著名的庭荫树种，栽植于庭前、屋后、草地、池畔等处，极显幽雅清静。

图4-26　梧桐

1. 定植修剪

大苗定植前，视苗高确定留枝层数，通常2～3层为宜。这样，不仅外观美，而且光合作用积累的养分多，有利于树体营养生长及根系发育。

第一层主枝生长时间长，枝条粗壮，枝群数量多，因此该层轮枝要稀疏，通常依该轮枝条先端分枝数量来确定每轮留枝数。原则是分枝多，占有空间大时，一般留两个主枝即可，与它轮生的其余枝可全部疏除。但为了不致造成主干上环剥状伤口，先对淘汰枝回缩短截，削弱其长势，然后待来年逐步除去。如果第一层主枝先端分枝尚少，占有空间还小，这时为了弥补空缺，多积累养分，可以留主枝三个，并各占一个方向，不使互相拥挤即可。

第二层主枝的剪截方法与此相仿，唯留枝方向要与第一层互相错开，不重叠即可。

2. 成形树修剪

主要是注意主干顶端一层轮生枝的修剪，要确保中心主干顶端延长枝的绝对优势，削弱并疏除与其同时生出的一轮分枝。如果枝势过旺而与主干形成竞争状态的枝条，必须及时进行夏剪控制，不能放任不剪，以免造成分杈树形。

随着树体的逐年增高，留枝层数也相应增多，冠高比也有所变化，因此可以做相应调整。其方法是，每年可以相应地将第一层主枝剪除。为了不造成主干上的环剥伤口，一定要坚持先回缩，后分期分批将该层主枝剪除，以促进剪口上部主干的旺盛生长，同时也可以逐年增加枝下高度。

每级主枝上的轮生枝修剪，也大同小异，因其只起辅助主干生长的作用，故修剪方法简单。如果该主枝过于水平，可以将向下生长的分枝剪除，留上方枝当头，以促进该枝向上生长。如果发现主枝斜上生长，长势过旺时，则可剪除其斜上生长的分枝，留水平的、斜向生长的枝，以削弱长势，平衡树势。

各层主枝的长度，一定要注意做到自下而上逐个缩短，既自然又美观。待主干长到一定高度时，顶端优势渐弱，过渡到以横向生长为主的阶段，这时操作也很困难，可任其自然分枝。

（十五）七叶树

学名：*Aesculus chinensis*

别名：梭椤树。

科属：七叶树科七叶树属。

七叶树（图4-27）树干耸直，树冠开阔，姿态雄伟，叶大而形美，遮阴效果好，初夏繁花满树，蔚然可观，是世界著名的观赏树种，五大行道树之一，最适宜作庭荫树及行道树，或孤植、丛植于山坡、草地。

图 4-27 七叶树

七叶树树冠自然生长较为圆整，较少修剪。修剪要在新芽抽出前的冬季至早春萌芽前进行。夏季修剪只限于将过密枝与过于伸长枝枝修剪掉。七叶树枝为对生，常出现一些不美观的逆向枝、上向与下向的枝，这些枝均应从基部剪除，把水平或斜向上的枝留下，这样全株才能形成优美的树形。

（十六）杜仲

学名：*Eucommia ulmoids*

别名：丝棉树、丝棉皮、玉丝皮。

科属：杜仲科杜仲属。

杜仲（图4-28）树干端直，枝叶茂密，树形整齐优美，可供药用，为优良的经济树种，可作庭园绿荫树或行道树，也可在草地、池畔等处孤植或丛植。

图 4-28 杜仲

根据不同的栽培目的，杜仲可整形修剪为主干形、疏散分层形、自然圆头形以及自然开心形等树形。定植后的幼树，夏季选择分布均匀的3～4个枝条，逐步向下拉枝，冬剪时，对达到3～4个合理枝的幼树，将分布均匀的3～4个分枝短截，其余枝条疏除，对枝量不够，或分布不合理的单株，将所有枝条靠基部剪截，促发萌条。第二年当新梢长达80～100 cm时逐步拉枝，除过弱枝外，一般不短截。夏季主枝背上萌发许多直立的旺梢，可拿枝、疏除、摘心，疏除量不宜超过新梢数量的30%，第三年冬季主枝骨架已基本形成。杜仲幼树整形以疏枝、摘心、拿枝为主。由于该树种生长势旺，萌芽抽枝力强，应少短截，多拉枝。成年树修剪应注意保持树冠内空外圆，对主枝应根据其长势强弱适当修剪。杜仲修剪时还应注意疏去竞争枝、徒长枝、轮生枝、重叠枝、病虫枝和过密大枝等。

（十七）玉兰

学名：*Magnolia denudata*

别名：白玉兰、望春花、木花树。

科属：木兰科木兰属。

白玉兰（图4-29）早春开花，花洁白、美丽，盛开时犹如雪涛云海，蔚为壮观。常在住宅的庭前院后配置，亦可在庭园路边、草坪角隅、亭台前后等处种植，孤植、对植、丛植或群植均可。

图 4-29　白玉兰

玉兰枝条不多，有明显的主干，枝条愈伤能力很弱，生长速度比较缓慢，故一般不进行修剪。如果为了保持完美的树形而必须疏剪或短截枝条时，应在花谢以后当叶芽刚刚开始伸展时进行，切不可在早春开花前修剪，否则会留下枯桩，破坏完美树形。对于主枝下部或主干上所抽生枝梢、枯枝、病虫枝、扰乱树形的枝条（如直立枝、霸王枝、徒长枝等），可在上述时间内剪除。

（十八）黄栌

学名：*Cotinus*
别名：红叶树。
科属：漆树科黄栌属。

黄栌（图 4-30）秋季叶色变红，鲜艳夺目。夏季花初开时不育花梗生长成羽毛状，犹如罗纱满林，可丛植、片植于山坡、河岸或配置于大型山石旁。

图 4-30　黄栌

黄栌为主要观赏树种，应注意树形的管理。修剪应在冬季至早春萌芽前进行。幼树修剪整形时，要在定干高度选留分布均匀、不同方向的几个主枝形成基本树形。生长期产生的徒长枝要及时从基部剪除。冬季短剪主枝，调整新枝分布及长势，剪除重叠枝、徒长枝、枯枝、病虫枝，及时疏除竞争枝，同时加强对侧枝和内膛的管理，以保持树体枝繁叶茂，树形优美。

（十九）火炬树

学名：*Rhus typhina*
别名：鹿角漆。
科属：漆树科盐肤木属。

火炬树（图 4-31）果穗红艳似火炬，秋叶鲜红色，是优良的秋景树种。宜丛植于坡地、公园角落，以吸引鸟类觅食，增加园林野趣，也是固堤、固沙、保持水土的好树种。火炬树多作风景树木片植应用，较少孤植应用。在栽培过程中，每年冬天或早春及时剪除萌蘖，对枯枝、密枝、病枝及影响树形的乱枝进行剪除即可。一般不进行人工整剪。

图 4-31　火炬树

（二十）龙爪槐

学名：*Sophora japonica var. pendula*
别名：盘槐。
科属：豆科槐属。

龙爪槐（图 4-32）树枝盘曲下垂，树姿十分优美，可作装饰性树种，宜种植于出入口处，建筑物前或庭园及草坪边缘作对植或列植。

图 4-32　龙爪槐

龙爪槐系国槐嫁接而成，幼树时对砧木注意剥芽、除萌，主干应保持一定的高度。嫁接成活的龙爪槐要注意培养均匀树冠。夏季新梢长到向下延长的长度时，应及时剪梢或摘心，剪口留上芽，这样，芽萌发抽生的新枝向外生长，可加大角度，使树冠向外扩展。夏季修剪应注意剥除砧木上的萌芽，及时抑强扶弱，控制枝间势力平衡，特别要注意剥除或剪除砧木顶端直立枝，以防影响树形。冬季修剪以短截为主，适当结合疏剪。

剪口芽选择向上、向外的芽，以扩大树冠；每个主枝上的侧枝，需要一定间隔选留，并进行短截，使其长度不超过所从属的主枝；各个主枝上侧枝的安排要错落相间，以充分利用空间。各级枝序上的细小枝条，只要不妨碍主、侧枝生长，应多留少剪，以扩大光合作用面积。无论主枝、侧枝，常常因弯曲部分前端向下生长，而向下生长部分枝条上的芽，因优势不足而成弱枝，冬剪时，应把这部分弱枝剪除，保留朝上生长部分。

以后逐年修剪，注意调节新枝伸展方向，逐渐填补伞形树冠的空间，同时还要剪除冠内的细弱枝、病虫枝、杂乱的背下枝，以保持优美树冠。

（二十一）西府海棠

学名：*Malusmicromalus*

别名：小果海棠。

科属：蔷薇科苹果属。

西府海棠（图 4-33）树姿俏丽，花朵红粉相间，叶片嫩绿青翠，果实鲜美诱人，孤植、列植、丛植均极为美观。宜植于水滨及小庭一隅。也可以浓绿针叶树为背景列植，或作花篱之用。

图 4-33　西府海棠

可采用疏散分层形树形。定植后留干 1～1.3 m 剪去苗木顶端，春季萌芽后，将先端生长最强的一个枝使其直立，作为主干延长枝，并培养成中心干，其下选留 3～4 个方向适宜、相距 10～20 cm 的枝条作为主枝，其余的枝条全部剪除，以节约营养。第二年冬剪时，将中心延长干留 60 cm 短截，剪口芽方向与上一年留芽方向相反，以便主干通直，使其上端再产生延长枝作中心干；选留的主枝留 40～50 cm 短截，剪口芽均留外芽或侧芽，以培养侧枝。第三年冬剪时，中心干延长枝留 60 cm 短截，在其下部选留 2 个第二层主枝、短截，与第一层主枝相距 70～100 cm，且与第一层主枝错落配置，便于充分利用空间和阳光。第四年依此类推，选留第三层主枝，每年对侧枝进行短截，从而培养出各级侧枝，使树冠不断扩大。同时，每年对无利用价值的长枝进行拉枝或重短截，以利形成中短枝，形成花芽；中短枝不短截，以免剪除大量花芽，影响观赏效果。成年树修剪时应注意剪除过密枝、病虫枝、交叉枝、重叠枝、枯死枝，对徒长枝疏除或重短截，培养成枝组，对细弱冗长的枝组应及时进行回缩复壮。枝组衰老后，宜选定其基部或附近的健壮生长枝进行更替，逐步去除老枝组。

（二十二）紫叶李

学名：*Prunus cerasifera cv. atropurpurea*

别名：红叶李。

科属：蔷薇科李属。

紫叶李（图 4-34）枝条稍外展，干皮红褐色、光滑，叶自春至秋呈红色，尤以春季最为鲜艳，小花浅粉或粉红，是良好的观叶园林植物。

图 4-34　紫叶李

可采用疏散分层形树形，主干明显，主枝错落，冠内通风透光良好，不仅树木生长健壮，而且树形美观。

苗木定植后，在干高 1 m 左右处短截，一般剪口下第一萌发枝生长最旺盛，作为中心干延长枝，其下选留三个较粗的新梢作为主枝，要求三个主枝在中心干上均匀分布，并呈 45° 角斜向上开展，生长季对其进行摘心，以促进分枝和促进中心干延长枝生长。生长期内如果主枝间有强弱不均的分化现象，可用撑、拉、剪口留芽方向、里芽外

蹬等多种技术进行调整。第二年冬剪时，适当短截主干延长枝，剪口留壮芽，方向与上年相反，以保证主干的通直；二主枝视其生长情况进行不同程度的短截，剪口留外芽，以便继续扩大树冠。生长期内应注意徒长枝的生长，或疏除或摘心。第三年冬剪时，继续短截主干延长枝，同时选留第二层主枝，进行短截，与第一层三主枝错落分布。第一层的三个主枝也要短截，以扩大树冠。主干上的其余枝条，只要其粗度不超过着生部位主干粗度的 1/3，可长放不剪，如果过粗，要回缩到向外短截处。第四年选留第三层主枝。此外，各主枝冬剪时，均应逐步配备适当数量的侧枝，注意错落分布。以后各年修剪只要剪除枯死枝、病虫枝、内向枝、重叠枝和交叉枝即可；对于放得过长的细弱枝，则应及时回缩复壮。

（二十三）樱花

学名：*Prunus serrulata*

别名：山樱花。

科属：蔷薇科李属。

樱花（图 4-35）花开鲜艳、绚丽，是重要的园林观花树种，宜丛植于庭园或建筑物前，也可作小路的行道树。

图 4-35　樱花

多采用自然开心形树形。苗木定植后，留 1 m 左右剪截定干，以促生主枝。幼年阶段可保留中心干；每年春季萌芽前各主枝延长枝短截 1/3，以促生分枝，扩大树冠；在主枝的中、下部各选定 1～2 个侧枝，使其一左一右分布。主枝上其他中、长枝则可疏密留稀，填补空间，增加开花数量；同时对侧枝的延长枝每年进行短截，使其中、下部多生中、长枝。对于侧枝上的中、长枝则以疏剪为

主，留下的枝条则缓放不剪，使其先端萌生长枝，中下部产生短枝开花。对于成年大树，应每年疏除内膛细枝、病枯枝，改善通风透光条件；对细弱冗长的枝组进行回缩，以刺激其下隐芽萌发新枝。对衰老树要逐年回缩更新，以恢复树势，提高观赏价值。

（二十四）碧桃

学名：*Prunus persica f. duplex*

别名：花桃、看桃。

科属：蔷薇科李属。

碧桃（图 4-36）是我国传统的园林花木。早春时节，花先叶开放，烂漫芳菲，妖艳媚人。常大片群植，花开时凝霞满林，蔚为壮观。在园林应用中常与垂柳相间植于湖边、溪畔、河旁，也常植于道路两侧和公园草地。

图 4-36　碧桃

碧桃干性弱，树形开张，宜采用无中心干的自然开心形树形。每树有主枝一般 3 个，少数 4～5 个；主枝在主干上呈放射性斜生，并与主干呈 30°～60° 角，每个主枝上有 2～3 个侧枝。

苗木定植后，留 1 m 干高，剪去树顶梢，剪口留壮芽，当新梢长至 30～40 cm 时，选留三个方向适宜、生长健壮的新梢作主枝，其余留 10～15 cm 摘心，培养成枝组。培养主枝的新梢长达 50 cm 时，留 45 cm 摘心，促使二次枝萌发，培养第一侧枝。冬剪时，主侧枝延长枝留 40～45 cm 剪截，主枝长些，侧枝短些。主侧枝以外的枝条，只疏除影响主侧枝生长的过旺枝、重叠枝、竞争枝等，其他枝尽量保留。主侧枝上适当短截部分预备枝，以培

养枝组。第二年继续培养各主侧枝。夏剪时，对角度直立而过于强旺的主枝，可用二次枝换头来开张角度。及时疏除竞争枝，控制内膛强旺新梢及直立新梢，通过多次摘心，使之形成开花枝组。在三个主枝的同一方向选留第一侧枝，距第一侧枝 40～50 cm 外，在第一侧枝的对面选留第二侧枝。第二年冬剪，主枝枝头剪留长度为 40～50 cm，侧枝枝头剪留长度为 35～40 cm，疏除过密、过旺枝，其他中壮枝尽量保留，适当短截。第三年以后继续培养调整主侧枝，选留好第二侧枝。同时注意开花枝组的培养。成年树除要培养、完善树形外，特别要注意枝组的培养和更新，通过疏剪使其分布合理，保持健壮圆满树形。要不断回缩修剪，控制均衡各级枝的长势，防止衰老。花后应及时疏除交叉枝、细弱枝、病枯枝、伤残枝及不必要的徒长枝。

三、常见常绿花灌木的整形修剪

（一）桂花

学名：*Osmanthus fragrans*

别名：木樨、岩桂、金粟。

科属：木樨科木樨属。

桂花（图 4-37）终年常绿，枝繁叶茂，秋季开花，芳香四溢，在园林中应用普遍，是我国著名的香花树种，常作园景树，有孤植、对植，也有成丛或成林栽植。

图 4-37　桂花

自然生长的桂花枝条多为中短枝，每枝先端生有 4～8 对叶片，在其下部则为花序。枝条先端往往集中生长 4～6 个中小枝，每年可剪去先端 2～4 个花枝，保留下面 2 个枝条，以利翌年长 4～12 个中短枝，树冠仍向外延伸。每年对树冠内部的枯死枝、重叠枝、短枝等进行疏剪，以利通风透光。对过长的主枝或侧枝，要找其后部有较强分枝的进行缩剪，以利复壮。开花后一直到 3 月一般将拥挤的枝剪除即可。要避免在夏季修剪。

（二）瑞香

学名：*Daphne odora*

别名：瑞兰、千里香。

科属：瑞香科瑞香属。

瑞香（图 4-38）小花锦簇成团，花香清馨高雅，是我国传统的庭园祥瑞树种之一。适合种于庭院、路旁、假山旁、林间空地、林缘等，或散植于岩石间。也可将其修剪为球形，种于松柏之前供点缀之用。

图 4-38　瑞香

瑞香萌芽力强，耐修剪，易造型。3 月花后将残花剪去，在枝顶端的 3 个芽发育成 3 个新枝，翌年 7—8 月花芽在顶端发育。花后可回缩修剪，创造球形或半球形树冠。枝顶突出的三小枝，可剪去中间一枝，再根据分枝方向的需要回缩修剪所留二分枝中一较大枝的 1/2，保留小枝基部 1～2 芽。

（三）枸骨

学名：*Ilex cornuta*

别名：猫儿刺、老虎刺、鸟不宿。

科属：冬青科冬青属。

枸骨（图 4-39）叶形奇特，浓绿光亮，红果鲜艳，是优良的观叶、观果树种。孤植配假山石或花坛中心，丛植于草坪或道路转角处，也可在建筑的门庭两侧或路口对植。宜作刺绿篱，兼有防护与观赏效果。

图 4-39　枸骨

枸骨生长慢，萌发力强，耐修剪。花后剪去花穗，6—7 月剪去过高、过长的枯枝、弱小枝、拥挤枝，保持树冠生长空间，促使周围新枝萌生。3～4 年可整形修剪一次，创造优美的树形。

（四）海桐

学名：*Pittosprum tobira*

别名：海桐花、七里香、山矾。

科属：海桐科海桐属。

海桐（图 4-40）枝叶茂密，下枝覆地；叶色亮绿，树冠圆满，白花芳香，种子红艳，适应性强，是园林中常用的观叶、观花、闻香树种。自然生长多呈球形。

图 4-40　海桐

海桐在6月进行整形修剪为宜，此时萌芽力强，可长出新枝。夏季应摘心防止徒长，控制树形。要避免秋季修剪，以防新枝停止生长，萌芽慢，削弱树木生长势。可根据需要将树冠修剪成各种造型，如球形和半球形，并疏除树冠内部枝条。

（五）石楠

学名：*Photinia serrulata*

别名：千年红、扇骨木、枫药。

科属：蔷薇科石楠属。

石楠（图4-41）树冠圆整，叶片亮绿。初春嫩叶紫红，春末白花点点，秋日红果累累，极富观赏价值，是著名的庭院绿化树种。

图 4-41　石楠

对发枝力强、枝多而细的植株，应强剪或疏剪部分枝条，增强树势。对发枝力弱、枝少而粗的植株，应轻剪长留，促使多萌发花枝。树冠不大者，剪短一年生枝；树势较大者，在主枝中一部分选一方向的侧枝代替主枝。强枝重剪，可将二次枝回缩以侧代主，缓和树势；弱枝少剪，留30~60 cm。主枝上如有二次枝，可短截。留2~3个芽。5—7月石楠生长旺盛，开完花后应将长枝剪去，促使叶芽生长。冬季以整形为目的，处理一些密生枝、无用枝，保持生长空间，促使新枝发育。

（六）栀子花

学名：*Gardenia jasminoides*

别名：黄栀子、山栀。

科属：茜草科栀子属。

栀子花（图4-42）终年常绿，花芬芳香郁，是深受大众喜爱、花叶香俱佳的观赏树种，可用于庭园、池畔、阶前、路旁丛植或孤植；也可在绿地组成色块，也可作花篱栽培。

图 4-42　栀子花

栀子花萌蘖力强，株丛越长越密，易枝杈重叠、不通风，营养分散而开花减少，枝干易老化。入冬后至萌芽前，除剪去徒长枝、纤弱枝、伤病枝外，结合株丛更新，逐年淘汰部分多年生老枝，以利萌发健壮枝，开花茂盛。可花后及时剪除残花与顶梢，促使抽生新梢；当新梢长至2~3节时，进行第一次摘心，并适当抹去部分腋芽。对位置不当的枝条，或剪去，或绑扎牵引，调整方向，填空补缺，使疏密适度，长短相宜，以保持树形协调美观。

（七）南天竹

学名：*Nandina domestica*

别名：天竺、南天竺、竺竹、南烛。

科属：小檗科南天竹属。

南天竹（图4-43）茎干丛生，枝叶扶疏，秋冬叶色变红，累累红果，圆润光洁，经久不落，为赏叶观果佳品。宜丛植于庭院房前，草地边缘，或园路转角处。

南天竹有隔年结实的习性，结果后于2—3月进行修剪，将无用枝从基部剪去，选留3~5根健壮枝作为主干；也可采用分株形式减少株干数。

图4-43 南天竹

3—6月主干生长过长时易造成倒伏，应回缩修剪，无分枝时应注意保留剪口下方外向芽，促进分枝生长；有分枝时可从分枝处剪去主梢。平时要及时剪去根部萌生的小枝，以利主干增粗。每年结果后剪去干果序，保持植株清洁。还要剪去老枝、拥挤枝、倒伏枝、细弱枝等，以利冠内通风透光。

（八）八角金盘

学名：*Fatsia japonica*
别名：八金盘、八手。
科属：五加科八角金盘属。

八角金盘（图4-44）四季常青，叶片硕大，叶形优美，浓绿光亮，是深受欢迎的观叶植物。宜植于庭园、角隅和建筑物背阴处；也可点缀于溪旁、池畔或群植林下、草地边。

图4-44 八角金盘

八角金盘为丛生性，枝从地面长出。一般于6—7月、11—12月修剪。4—6月生长势较强，上面叶子长成后，下面的叶子已变弱变黄，生长结束后高度已定，即可根据需要剪除不当枝叶。

该树种分枝性能差，因此可将过高的枝从基部或从地面以上剪去即可。在干中部的叶芽上方剪去，可促使植物矮化，枝叶变小。

（九）凤尾兰

学名：*Yucca gloriosa*
别名：凤尾丝兰、千手兰、剑叶丝兰、菠萝花。
科属：百合科丝兰属。

凤尾兰（图4-45）常年浓绿，花、叶皆美，树态奇特，数株成丛，高低不一，叶形如剑，花色洁白，姿态优美，是良好的庭园观赏树木。常植于花坛中央、建筑前、草坪中、池畔、台坡、建筑物、路旁或作绿篱之用。

图4-45 凤尾兰

凤尾兰幼株栽植生长后易倒，故此常在3—4月间从基部将老株剪除，以利于从根部生出小株，使其相互交叉错落生长。每年从基部剪掉老叶和开花后的花葶。如基部有新株长出，可将老株从基部切除；如基部无新株生出，可将老干从中部切除。

（十）大叶黄杨

学名：*Euonymus japonicus*
别名：冬青卫矛、正木、扶芳树、四季青。
科属：卫矛科卫矛属。

大叶黄杨（图4-46）叶色光亮，极耐修剪，为庭院中常见绿篱树种。可经整形后植于门旁道边，或作花坛中心栽植。

图 4-46　大叶黄杨

大叶黄杨萌发力强。定植后，可在生长期内根据需要进行修剪。第一年在主干顶端选留两个对生枝，作为第一层骨干枝。第二年，在新的主干上再选留两个侧枝短截先端，作为第二层骨干枝。待上述几个骨干枝增粗后，便形成疏朗骨架。

球形树冠修剪：一年中反复多次进行外露枝修剪，形成丰满的球形树，每年剪去树冠内的病虫枝、过密枝、细弱枝，使冠内通风透光。由于树冠内外不断生出新枝，应随时修剪外表即可形成美观的球形树。

老球树更新复壮修剪：选定 1～3 个上下交错生长的主干，其余全部剪除。翌年春天，则可从剪口下萌发出新芽。待新芽长出 10 cm 左右时，再按球形树要求，选留骨干枝，剪除不合要求的新枝。为了促使新枝多生分枝，早日形成球形，在生长季节对新枝多次修剪，即形成球形树。

四、常见落叶花灌木的整形修剪

（一）蜡梅

学名：*Chimonanthus praecor*
别名：黄梅花、香梅、香木。
科属：蜡梅科蜡梅属。

蜡梅（图 4-47）在严冬冲寒吐秀，且芬芳远溢，是我国特有的珍贵观赏花木。一般以孤植、对植、丛植、群植配置于园林与建筑物的入口处两侧和厅前、亭周、窗前屋后、墙隅及草坪、水畔、路旁等处。蜡梅修剪可分为单干式和多干式两种。

1. 休眠期修剪

冬季修剪时，短截各级骨干枝的延长枝，以扩大树冠。注意剪口芽的方向，使主枝和侧枝呈龙游

图 4-47　蜡梅

状伸展，长、中、短枝均能产生大量花芽，注意修剪适度，剪除枯枝、病虫枝、过密枝、过弱枝及徒长枝等。

2. 生长期修剪

① 花谢后至发芽前为修剪最佳时期，尽早摘除幼果，以减少养分消耗。对花枝进行短截，留 3～5 个节，长 20～25 cm，注意强枝弱剪，弱枝强剪，促使新抽生的花枝充实健壮。疏除过密小枝，以促进分枝，使枝条布局合理，树冠优美。

② 生长期间以摘心、抹芽为主。当新梢长到 3～4 对叶片后，可摘心。蜡梅摘心 3～4 次后仍能形成花芽，一般在 8 月后停止摘心，新梢过密时要及时抹芽，使养分集中供应花芽分化，为冬季开花做准备。

③ 注意控制高度，以利观赏。嫁接的蜡梅要及时剪除砧木萌蘖枝，防止砧木替代现象，避免枝条混乱和开花量减少。

（二）连翘

学名：*Forsythia suspensa*
别名：黄寿丹、黄花杆。
科属：木樨科连翘属。

连翘（图 4-48）早春先叶开花，满枝金黄，艳丽可爱，是早春优良观花灌木。适宜于宅旁、亭阶、墙隅、篱下与路边配置，也宜于溪边、池畔、岩石旁、假山下栽种。也可作花篱或护堤树栽植。

连翘春天开花，第二年开花的花芽着生在当年长成的枝上，并在春末的生长旺季就已经开始花芽分化。所以，连翘花后至花芽分化前应及时修剪，

图 4-48　连翘

去除弱、乱枝及徒长枝，使营养集中供给花枝，以形成更多的花芽。秋后应短剪徒长枝，疏除过密枝，适当剪去花芽少、生长衰老的枝条。3～5年应对老枝进行疏剪、更新复壮1次。为提高观赏效果也可做主干式造型。

（三）榆叶梅

学名：*Prunus triloba*

别名：小桃红、鸾枝。

科属：蔷薇科李属。

榆叶梅（图4-49）枝叶茂密，花繁色艳。宜植于公园草地、路边，或庭园中的墙角、池畔等。

图 4-49　榆叶梅

当幼树长到一定高度时，留2～3个主枝，使其上下错落分布。冬季短截每个主枝，剪去全长1/3左右。主枝修剪时，强枝梢轻剪，弱枝梢重剪。剪去主枝上副梢，只留一叶芽，并剪去主干上辅养枝。剪去过密的新枝、拥挤枝、无用枝。短剪、疏剪树冠内的强势竞争枝。及时除萌、摘心。灌丛花后及时修剪残枝和幼果，作小乔木状栽培时可留果观赏。

（四）迎春

学名：*Jasminum nudiflorum*

别名：金腰带、黄素馨、金梅、小黄花。

科属：木樨科茉莉属。

迎春（图4-50）枝条披垂，早春先花后叶，花色金黄，叶丛翠绿，园林中宜配置在湖边、溪畔、桥头、墙隅或在草坪、林缘、坡地。房周围可栽植，可供早春观花。

图 4-50　迎春

迎春萌芽、萌蘖力强，耐修剪、摘心和绑扎造型。花后可疏剪去前一年的枝，以保持自然形态。迎春生长力较强，每年可于5月剪去强枝、杂乱枝。6月剪去新梢，留枝的基部2～3节，以集中养分供花芽分化。对过老枝条应重剪更新；若基部萌蘖过多，应适当拔除，使养分集中，并可保持株形整齐。为得到独干直立株形，可设立支柱来支撑主干，使其直立向上生长；摘去基部的芽，待长到所需高度时，摘去顶芽，并对侧枝经常摘心，使之形成伞形或拱形树冠。

（五）贴梗海棠

学名：*Chaenomeles speciosa*

别名：铁脚海棠、木瓜花、贴杆海棠。

科属：蔷薇科木瓜属。

贴梗海棠（图4-51）花色艳丽，是重要的观花灌木，适于庭院墙隅、路边、池畔种植。贴梗海棠萌芽力强，强修剪后易长出徒长枝，所以幼时不强剪，树冠成形后，应注意对小侧枝修剪，使基部隐芽逐渐得以萌发成枝，使花枝离枝近，如想扩大树冠，可将侧枝先端剪去，留1～2个长枝；待长枝长到一定长度后再短截长枝先端，使其继续形成长

图 4-51　贴梗海棠

枝；剪截该枝后部的中短花枝，过长的可适当修剪
先端，任其分生花枝开花。小侧枝群需要每年交替
回缩修剪，交替扩大 5～6 年后，选基部或附近的
健壮生长枝更替。也可保持一根 1 m 以下的主干，
使侧枝自然生长。冬季剪去过长的伸长枝，花后立
即整形修剪。如果枝条生长茂盛，5 月份可将过长
的枝剪去 1/4，并剪去杂乱枝。冬季修剪过长枝的
1/3，同时将无用的拥挤枝从基部剪去。

图 4-52　紫荆

（六）紫荆

学名：*Cercis chinensis*

别名：满条红、苏芳花、紫株、乌桑、箩筐树。

科属：豆科紫荆属。

紫荆（图 4-52）干直丛生，叶大花繁，早春
先花后叶，形似彩蝶，满树嫣红，观赏效果极佳。
合理修剪可使紫荆既能保持良好的树形，又能促进
翌年花繁叶茂，增强树势。

1. 幼树修剪

为使定植后的幼苗多分枝，发展根系，应进行
轻度短截。翌年早春重短截，使其发出 3～5 个强
健的一年生枝。

2. 生长期修剪

适当摘心，剪梢，促进多分枝。每年秋季落叶
后，应修剪过密和过细枝条，既有利于通风透光，
促进花芽分化，保证翌年花繁叶茂，又利于植株安
全越冬，防止枯梢。

3. 花后修剪

对树丛内的强壮枝摘心，剪梢，并注意剪口下
留外侧芽，以利树丛内部通风透光。

4. 冬季修剪

适度疏剪丛内拥挤枝、无用枝、枯萎枝等。

（七）紫丁香

学名：*Syringa oblata*

别名：丁香、华北紫丁香。

科属：木樨科丁香属。

丁香（图 4-53）是我国特有的名贵花木，栽
培历史悠久。植株丰满秀丽，枝叶茂密，且具独特
的芳香，广泛栽植于庭园、机关、厂矿、居民区
等地。

图 4-53　丁香

1. 幼树修剪

当幼树的中心主枝达到一定高度时，根据需要短截，留4～5个强壮枝作主枝培养，并使其上下错落分布，间距10～15 cm。短截主枝先端，剪口下留一下芽或侧芽。主枝与主干角度小则留下芽，反之留侧芽，并剥除另一个对生芽。

2. 花后修剪

花后剪去前一年枝留下的二次枝，促使新芽从老叶旁长出，花芽可以从该枝先端长出。

3. 更新修剪

栽植3～4年以上的大树可进行重剪，将植株基部30～50 cm以上枝条剪去，以减少蒸腾，并促发新枝，使树冠丰满。

（八）黄刺玫

学名：*Rosa ranthina*
别名：刺玫花、黄刺莓。
科属：蔷薇科蔷薇属。

黄刺玫（图4-54）管理粗放，栽培容易。花色金黄，花期较长，是北方地区主要的早春花灌木，多在草坪、林缘、路边丛植，亦可作花篱及基础种植。

图4-54　黄刺玫

1. 生长期修剪

由于其花多着生在枝条顶端，因此开花前作适当疏剪，而不宜短剪。

2. 花后修剪

开花后及时剪除残花和部分老枝，对生长旺盛的枝条适当短剪，促发更多新枝。

3. 冬季修剪

疏剪枯枝、衰弱枝、过密枝和病虫枝。

4. 更新修剪

对多年生老株适当疏剪过密的内膛枝，否则株丛过密，有碍花芽分化。

（九）月季

学名：*Rosa hybrida*
别名：长春花、月月红、四季蔷薇。
科属：蔷薇科蔷薇属。

月季（图4-55）花色艳丽，花期长，是我国重要园林花卉之一，是花坛、花境、花带、花篱栽植的优良材料。其整形修剪主要分为冬剪和夏剪。

图4-55　月季

1. 冬剪

秋季落叶后进行，适当重剪。一般将当年生充实枝条剪留4～5个芽，留3～4根枝条，以保证翌年得到大型花朵。修剪时要因品种和栽培目的而异，不仅要选留枝条，而且要注意株丛均匀。强枝高剪，弱枝短剪，大花品种留4～6个壮枝，每株选取离地面40～50 cm侧生壮芽，剪去上部枝条。对于蔓性和藤本品种，可疏去老枝，剪除弱枝、病虫枝，注意培养主枝。

2. 夏剪

要及时剪除嫁接苗砧木上的萌蘖枝，花后剪除残花、疏去多余花蕾。第一批花开后，要将花枝于基部以上10～20 cm或枝条充实处留一健壮腋芽剪断，以增强新枝势力，使第二批花开好。第二批花开后，仍需留壮去弱，促进开花。

（十）金银木

学名：*Lonicera maackii*
别名：金银忍冬、胯杷果。
科属：忍冬科忍冬属。

金银木（图4-56）是优良的观花观果树种。春末夏初层层开花，金银相映；秋天可观红果累累。在园林中常丛植于草坪、山坡、林缘、路边或点缀于建筑周围。

图 4-56　金银木

1. 幼树修剪

栽植前可适当修剪去除部分枝条，以利成活。成活后按照需要选留一至多个健壮枝条作为树体骨架。

2. 花后修剪

进入开花期的植株，要在花后及时短剪开花枝，减少结果量，使其促发新枝及花芽分化，确保来年开花繁盛。

3. 冬季修剪

适当疏剪整形，同时疏去枯枝、徒长枝，使枝条分布均匀，以促进第二年多发芽，多开花结果。

4. 更新修剪

每3～5年利用徒长枝或萌蘖枝进行重短截，长出新枝代替衰老枝，将衰老枝、病虫枝、细弱枝梳掉，以更新复壮。

（十一）紫叶小檗

学名：*Berberis thumbergii var.atropurpurea*

别名：红叶小檗。

科属：小檗科小檗属。

紫叶小檗（图4-57）叶色紫红，枝密被刺。春季开小黄花，入秋果熟后亦红艳美丽，是良好的观果、观叶和刺篱材料。

1. 幼树修剪

幼苗定植后进行轻度修剪，以促多发枝条，有利于成形。

2. 冬季修剪

每年入冬至早春前对植株进行适当修剪，疏去

图 4-57　紫叶小檗

过密枝、徒长枝、病虫枝和过弱的枝条，保持枝条分布均匀呈圆球形，注意不要有缺口。

3. 更新修剪

栽植过密的植株，3～5年进行1次重剪，以达到更新复壮的目的。

（十二）猬实

学名：*Kolkwitzia amabilis*

别名：千层皮、美人木。

科属：忍冬科猬实属。

猬实（图4-58）为我国特色花木，花期正值初夏百花凋谢之时。粉红色小花密布枝条，刺猬状小果奇特可爱，宜露地丛植，或点缀于水畔。

图 4-58　猬实

1. 花后修剪

花后将开过花的枝条留4～5个饱满芽进行强

短截，促发新枝，以备第二年开花用。

2. 生长季修剪

夏季将当年生新枝进行适当摘心，抑制枝条生长，节省养分，促进花芽分化。

3. 更新修剪

每3年可视具体情况重剪1次，使萌发新枝，注意控制株丛，使之保持丰满。

（十三）锦带花

学名：*Weige florida*

别名：五色海棠。

科属：忍冬科、锦带花属。

锦带花（图4-59）枝叶繁茂，花色艳丽，花期长达两个月之久，是华北地区春季主要花灌木之一。

图 4-59　锦带花

1. 花后修剪

花后及时摘除残花，促进枝条生长。

2. 冬季修剪

锦带花花开于一、二年生枝上，因此在早春或冬季修剪时，只需剪去枯枝和老弱枝条，不需短剪。

3. 更新修剪

每隔2～3年进行一次更新修剪，将3年以上老枝剪去，以促进新枝生长。

（十四）牡丹

学名：*Paeonia suffruticosa*

别名：花王、鹿韭、木芍药、富贵花。

科属：芍药科芍药属。

牡丹（图4-60）是我国传统名花之一，花色丰富、花大而美、色香俱佳。园林中常作丛植或孤植观赏，也可作专类园。为形成和保持株形优美、花大色艳，并减少病虫害发生，常做下述修剪。

图 4-60　牡丹

1. 幼树修剪

牡丹生长2～3年后定干，留方向分布合理的3～5个主枝，其余的枝全部剪除。

2. 花后及秋季修剪

5—6月开花后将残花剪除；6—9月花芽分化，10—11月缩剪枝条1/2左右，从枝条基部起留2～3枚花芽适时摘除其中的弱花芽，以保证翌年1～2枚花芽开花正常。

3. 冬季修剪

在落叶期将未着花的小枝及拥挤的枝条疏剪，以改善通风透光条件。同时将粗枝留下部2个花芽，其余剪除。

（十五）麻叶绣线菊

学名：*Spiraea cantoniensis*

别名：石棒子、麻叶绣球。

科属：蔷薇科绣线菊属。

麻叶绣线菊（图4-61）植株丛生呈半圆形，春季开花时白色一片，雅致可爱。可丛植于池畔、路旁或林缘，也可列植为花篱。

图 4-61　麻叶绣线菊

每年早春萌芽前对植株进行适当疏剪，疏去衰老枝、细弱枝、过密枝、病虫枝和枯枝，保留一、二年生枝干及二、三年丛生枝上的小枝，使枝条分布均匀。花后轻度修剪，除去老枝及过密枝条植株衰弱时，可在休眠期进行重剪更新，保留地面上30～40 cm高的新生枝干。生长季内应注意控制植株基部萌蘖，以防生长而影响开花。

（十六）火棘

学名：*Pyracantha fortuneana*

别名：火把果、救军粮。

科属：蔷薇科火棘属。

火棘（图4-62）树形优美，夏有繁花，秋有红果，可在庭院中作绿篱以及造景材料。

图4-62 火棘

该树种萌芽力强，枝密生，生长快，耐强修剪。一年中可在3—4月、6—7月及9—10月进行三次修剪。6—7月可剪去一半新芽；9～10月剪去新生枝条；2年后，3—4月进行强剪，以保持优良的观赏树形。在生长2年后的长枝上短枝多，花芽也多，根据造型需要，剪去长枝先端，留其基部20～30 cm即可，以控制树形，平时应将抽生的徒长枝、过密枝、枯枝随时剪除，以利枝条粗壮，叶片繁茂。

（十七）棣棠

学名：*Kerria japonica*

别名：黄榆叶梅、麻叶棣棠。

科属：蔷薇科棣棠属。

棣棠（图4-63）枝条丛生，花色金黄，枝叶鲜绿，花期从春末到初夏，适宜栽植花镜、花篱或建筑物周围作基础种植材料。

图4-63 棣棠

棣棠花大多开在新枝顶端，因此花前修剪只宜疏枝，不可短截。但为了促使棣棠多萌发新枝多开花，应在花谢后或秋末疏剪老枝、密枝或残留花枝。如发现枝条梢部枯死时，可随时由根部剪除，以免蔓延。由于棣棠萌蘖力强，枝条密集，故每隔2～3年应更新修剪1次，可于越冬时将地上丛状枝留20 cm剪去，用湿土封堆，以利越冬，并促使第二年多发新枝，多开花。

（十八）石榴

学名：*Punica granatum*

别名：安石榴、若榴、海榴。

科属：石榴科石榴属。

石榴（图4-64）树姿优美，枝叶秀丽，盛夏花红似火，秋季累果悬挂，可孤植、对植或丛植于庭院、游园中。石榴修剪以休眠期为主，适当进行生长季修剪。

图4-64 石榴

早春石榴定植后,将苗木距地面10~20 cm处剪去上端。第二年生长季,培养各主枝的延长枝和其上侧枝1~2个,注意侧枝之间不能互相重叠。冬季修剪时适当短截侧枝,对其他分枝不能短截,只需将密生枝和干及根上的萌蘖条自基部疏除,以利于早期开花。经3~4年类似的修剪,树冠骨架大致形成。进入开花结果期后,修剪以疏枝为主,疏去过密枝、下垂枝、病虫枝、枯死枝、重叠枝、交叉枝和过密无用的徒长枝。修剪后使树冠达到上稀下密、外稀内密、大枝稀小枝密,以利通风透光,使其立体开花结果,增强观赏效果。石榴衰老后,除增施肥水外,应进行更新修剪,即缩剪部分衰老的主侧枝和枝组,选留2~3个旺盛的萌蘖枝或主干上发出的徒长枝,有计划地逐步培养成为新的主侧枝。

（十九）八仙花

学名:*Hydrangea macrophylla*
别名:绣球花、阴绣球、紫阳花。
科属:虎耳草科八仙花属。

八仙花（图4-65）花序球形,其色或蓝或红,艳丽可爱,宜配置于林丛、林缘或门庭及乔木下作花篱或花境之用。

图4-65 八仙花

八仙花萌蘖性强,在北方露地栽植地上部易冻死,可于秋季落叶后将地上部分剪去,并覆土保护根茎幼芽,以利来年春季萌发新株。盆栽者每年早春对八仙花进行疏剪,去除细弱枝和枯枝。因其每年开花都在新枝顶端,故在花后进行短剪以促发新枝,待新枝长出8~10 cm时,进行第二次短剪,使侧芽充实,以利于翌年长出花枝。

（二十）木槿

学名:*Hibiscus syriacus*
别名:赤槿、篱障花、朝开暮落花。
科属:锦葵科木槿属。

木槿（图4-66）盛夏季节开花,开花时满树花朵,适合孤植、丛植或作花篱之用。管理比较粗放,耐修剪。

图4-66 木槿

每年冬季落叶后至早春萌芽前可剪去枯枝、病虫枝,并适当疏小枝,以利整形和通风透光。2~3年生老枝仍可发育成花芽并开花,可剪去先端,留10 cm左右即可。多年生老树需重剪复壮。如培养低矮的花树,可将整体立枝短剪,对粗大的枝可以短剪,以促使细枝密生,树形整齐。木槿枝条柔软,若上盆栽植进行整形,可编成各种花样造型,别致美观。

（二十一）紫薇

学名:*Lagerstroemia indica*
别名:痒痒树、百日红、满堂红。
科属:千屈菜科紫薇属。

紫薇（图4-67）是我国传统名花,开花时艳丽别致,花期长达近百日,有"百日红"之称。可孤植、群植或与其他树种配植。

在移栽较大的紫薇时,栽前要重剪,可按栽培需要确定主干高度,同时需将茎干下部的侧芽摘除,以使顶芽和上部枝条能得到较多的养分而健壮生长,使新发树冠长势旺盛,整齐美观。落叶后或早春萌芽前进行适当疏剪,疏剪徒长枝、竞争枝、细弱枝以及病虫枝、枯萎枝等,使枝条呈均匀分布,形成完整匀称的树冠。留下的枝剪去顶部1/3,

图 4-67　紫薇

可达满树繁花之效果。在生长季节，夏季第一次花后及时剪除花枝，促发新枝以延长花期。

五、常见攀缘树种的整形修剪

（一）紫藤

学名：*Wisteria sinensis*

别名：藤萝、朱藤、招豆藤。

科属：豆科紫藤属。

紫藤（图 4-68）为落叶攀缘缠绕性大藤本植物，是优良的观花藤本植物，一般应用于园林棚架，春季紫花烂漫，别有情趣。

图 4-68　紫藤

冬、春休眠期应进行修剪，调整枝条分布，过密枝、细弱枝应从茎部剪除，使树体主蔓、侧蔓结构匀称清晰，通风透光。

在花后进行夏季修剪，剪除过密枝，对新生枝进行打尖、摘心，控制过旺生长，以促进花芽的形成。

（二）凌霄

学名：*Campsis grandiflora*

别名：紫葳、女葳花。

科属：紫葳科凌霄属。

凌霄（图 4-69）生性强健，枝繁叶茂，入夏后朵朵红花缀于绿叶中次第开放，十分美丽，可植于假山等处，也是廊架绿化的优良植物。

定植后修剪时，首先选一健壮枝条作主蔓培养，剪去先端，剪口下的侧枝疏剪掉一部分，以减少竞争，保证主蔓优势。

枝干直径达 3 cm 以上才能着花，故尽快使枝干及早变粗。由于花在新枝先端形成，所以当年的伸长枝应在冬季从基部剪掉。另外，对于基部萌生的枝条应尽早地疏除。

图 4-69　凌霄

（三）蔷薇

学名：*Rosa spp.*

别名：野蔷薇。

科属：蔷薇科蔷薇属。

蔷薇（图 4-70）长势强健，初夏花繁叶茂，鲜艳夺目，是垂直绿化的优良材料。

图 4-70　蔷薇

修剪以冬季为主。修剪时首先将过密枝、干枯枝、徒长枝、病枝从茎部剪掉，控制主蔓数，使植株通风透光。主枝和侧枝修剪应注意留外侧芽，使其向左右生长。修剪当年生新梢到木质化部分的壮芽上，以便抽生新枝。

夏季修剪应在 6—7 月进行，为冬剪作补充，将春季长出的位置不当的枝条从基部疏除或改变其生长方向，短截花枝并适当长留长生枝，增加翌年花量。

模块四复习思考题

1. 通过学习实践，你最喜欢的常绿乔木是哪几种？说说你喜欢它们的理由？对你所喜欢的几种常绿乔木进行修剪，应该采取怎样的修剪时期和修剪方式？

2. 通过学习实践，你最喜欢的落叶乔木是哪几种？说说你喜欢它们的理由？对你所喜欢的几种落叶乔木进行修剪，应该采取怎样的修剪时期和修剪方式？

3. 通过学习实践，你最喜欢的常绿灌木是哪几种？说说你喜欢它们的理由？对你所喜欢的几种常绿灌木进行修剪，应该采取怎样的修剪时期和修剪方式？

4. 通过学习实践，你最喜欢的落叶灌木是哪几种？说说你喜欢它们的理由？对你所喜欢的几种落叶灌木进行修剪，应该采取怎样的修剪时期和修剪

方式？

5. 常见攀缘树种有哪些？主要修剪方式是什么？

6. 请你在实际训练学习基础上，独立完成常绿乔木、落叶乔木、常绿灌木、落叶灌木修剪作品各 5 项，要求作品类型不重复，并由专业教师给出评价。

 附录　常见园林树木整形修剪要点一览表

附表 1　常见落叶乔木整形修剪一览表

序号	名称	科属	形态特征	园林用途	习性	整形修剪要点
1	银杏	银杏科银杏属	落叶大乔木，树干端直，树冠广卵形	为著名的观赏树种。宜作行道树，或配置于庭院、大型建筑物周围和庭院入口等处，孤植、对植、丛植均可	喜光，忌蔽阴，喜温暖、湿润环境，能耐寒	冬季剪除树干上的密生枝、衰弱枝，主枝一般保留 3~4 个。在保持一定高度的情况下，摘去花蕊，整理小枝。成年后剪去竞争枝、枯死枝，使枝条上短枝多，长枝少
2	水杉	杉科水杉属	落叶大乔木，树冠圆锥形	树姿优美，叶色秀丽，可丛植、群植配置，也可列植作行道树或河旁、路旁及建筑物旁的绿化树	喜光，不耐阴，喜温暖、湿润环境，较耐寒	树干通直，树形优美。一般不需修剪或仅做常规性的去除枯枝、病虫枝等的简单修剪
3	池杉	杉科落羽杉属	落叶乔木，主干挺直，树冠尖塔形	观赏价值高，适生于水滨湿地，可在河边和低洼水网地区种植，或作孤植、丛植、片植配置，亦可列植作行道树	强喜光树种，不耐阴，喜温暖、湿润环境，稍耐寒	同水杉，树干通直，树形优美。一般不需修剪或仅做常规性的去除枯枝、病虫枝等的简单修剪
4	玉兰	玉兰科木兰属	落叶乔木，树冠卵形	花洁白、美丽且清香。常在住宅的厅前院后配置，亦可在庭园路边、亭台前后等处种植，孤植、对植、丛植或群植均可	喜光，稍耐阴，具有较强的抗寒性	有明显的主干。因枝条愈伤能力很弱，生长速度比较缓慢，因此，多不进行修剪。如果为了保持完美的树形而必须疏剪或短截枝条时，应在花谢以后当叶芽刚刚开始伸展时进行，切不可在早春开花前修剪，否则会留下枯桩，破坏完美树形。对于主枝下部或主干上所抽生枝梢，亦可在叶芽刚刚开始伸展时进行剪除
5	杂交鹅掌楸	木兰科鹅掌楸属	落叶大乔木，叶形似马褂	树姿雄伟，宜作庭院树和行道树，或栽植于草坪及建筑物前	喜阳，喜温暖、湿润环境	一般做常规修剪即可
6	垂丝海棠	蔷薇科苹果属	落叶小乔木，树冠疏散	是著名的庭院观赏花木，宜丛植于院前、亭边、墙旁、河畔等处	喜光，较耐旱，喜温暖、湿润环境，不甚耐寒	当幼苗高 10 cm 左右时，就要在第 4、第 5 节处进行摘心，以促其萌发新枝。如果过快生长，则应对其再行摘心，这样就会使整株海棠变成一个半球形的形状

续附表 1

序号	名称	科属	形态特征	园林用途	习性	整形修剪要点
7	红叶李	蔷薇科李属	落叶小乔木，树冠多直立性长枝	宜丛植或与其他绿叶树相配植	喜光，喜温暖、湿润环境，不耐严寒	冬季修剪为宜。当幼树长到一定高度时，选留 3 个不同方向的枝条作主枝，并对其摘心。如果顶端主干延长枝弱，可剪去。每年冬季修剪各层主枝时，要注意配合适量的侧枝，使其错落分布，以利通风透光
8	梅	蔷薇科杏属	落叶小乔木	可孤植、丛植、群植于屋前、石间、路旁和塘畔	喜光，宜阳光充足，通风良好的环境，耐寒	园林中栽培，其主干应保持 50~60 cm，主干上只留 5 个侧主枝而不留中心主枝。使主枝上发生的侧枝互相错落，不在一个平面上。树冠中心开展而不空，冠内通透，有利于开花。每年早春花谢以后应对花枝进行短截；夏季对新生枝条进行摘心，防止徒长并促进花芽分化，为翌年开花打下基础
9	桃	蔷薇科桃属	落叶小乔木，树冠开展，花单生，观赏种类多	宜在石旁、河畔、墙际、庭院内和草坪边缘栽植	适应性强，喜光，耐旱，不耐水湿，忌低洼地栽植	本身树冠开展，多整形为开心型。树冠成形后要不断回缩修剪，控制侧枝长、粗不得超过主枝。短截过强过弱的小侧枝，使其生长中庸，强枝留下芽，弱枝留上芽
10	樱花	蔷薇科樱属	落叶乔木，树冠扁圆形	是重要的园林观花树种。宜丛植于庭院或建筑物前，也可作小路的行道树	喜光，不耐盐碱	整形多为自然开心形。树冠成形后，冬季短截主枝延长枝，刺激其中下部萌发的中长枝，每年在主枝的中、下部各选定 1~2 个侧枝，主枝上的其他中长枝，则可疏密留稀、填补空间，增加开花数量
11	碧桃	蔷薇科樱属	落叶小乔木，株高一般 2 m 以下	宜在石旁、河畔、墙际、庭院内和草坪边缘栽植	适应性强，喜光，耐旱，不耐水湿，忌低洼地栽植	花芽和叶芽并生于叶腋间。整形多为开心形。在 30~50 cm 的主干上留 3 个侧主枝，使其在主干的四周平衡着生，上下有一定间隔，不可轮生。为了防止徒长和保持完好的树形，在每年早春萌芽之前，应对所有的营养枝短截，花谢以后对中长花枝进行重剪，促使腋芽抽生新枝
12	合欢	豆科合欢属	落叶乔木，树冠扁圆形，呈伞状	树冠开阔，是优美的庭荫树和行道树，宜植于房前屋后及草坪、林缘	适应性强，喜光，有一定耐寒能力	选上下错落的 3 个侧枝作为主枝，用它来扩大树冠。冬季对 3 个主枝短截，在各主枝上培养几个侧枝，彼此互相错落分部，各占一定空间

续附表 1

序号	名称	科属	形态特征	园林用途	习性	整形修剪要点
13	刺槐	豆科刺槐属	落叶乔木，树冠椭圆状倒卵形	树冠宽阔，可作遮阴树或行道树，也可栽植成林，但不宜种植于风口处	强喜光树种，忌蔽阴，耐寒，喜干燥，不耐涝	用于园林绿化的刺槐大苗一般比较强健，可先选出健壮直立，又处于顶端的一年生主枝作主干延长枝，然后剪去其先端1/3~1/2，弱枝重剪，但不宜过重，否则剪口下不易生长强枝。剪口附近如有小弱枝则宜剪去部分枝，其上侧枝逐个短截，使其先端均不高于主干剪口即可
14	槐树	豆科槐属	落叶乔木，树冠圆球形	树冠广阔，是良好的庭荫树和行道树	喜光，略耐阴，不耐阴湿，耐寒	通常采用自然开心形和疏散分层形两种。自然开心形一般在树冠下方有电线时使用
15	龙爪槐	豆科槐属	槐树的变种，树冠呈伞形	树姿十分优美，可作装饰性树种，宜种植于出入口处、建筑物前或庭院及草坪边缘，作对植或行植	喜光，耐寒，耐旱，喜湿润	龙爪槐根据其枝条下垂的特点，一般剪成伞形，伞形又分龙头的伞形和平顶的伞形，龙头伞形的主干一般要比平顶伞形的高一些。龙爪槐的修剪以短截为主
16	无患子	无患子科无患子属	落叶乔木，枝开展，树冠广卵形或扁球形	树冠开展，是优良的庭荫树和行道树。孤植、丛植在草坪、路旁和建筑物旁都很合适	喜光稍耐阴，喜温暖、湿润环境，略耐寒，适应性强	树冠近圆球形、树冠端正，一般采用自然式树形。因用途不同，其整形要求也有所差异。行道树用苗要求主干通直，第一分枝高度为2.5~3.5 m，树冠完整丰满，枝条分布均匀、开展。庭荫树要求树冠庞大、密集，第一分枝高度比行道树低。在培养过程中，应围绕上述要求采取相应的修剪措施，剪整一般可在冬季或移植时进行
17	栾树	无患子科栾树属	落叶乔木，树冠近圆球形	宜作庭荫树、风景树及行道树	喜光，耐半阴，耐寒，耐干旱	参照无患子
18	梧桐	梧桐科梧桐属	落叶乔木，树冠卵圆形	是庭园和工厂绿化的良好树种，也可作行道树	喜光，喜温暖气候，不耐寒	一般仅做常规的去除枯枝、徒长枝、交叉枝、病虫枝的修剪
19	三角槭	槭树科槭属	落叶乔木，树冠卵形	宜孤植、丛植作庭荫树，也可作行道树及护岸树	弱喜光树种，稍耐阴，喜温暖、湿润环境	因枝条对生，要剪掉交互枝，形成互生的株形。粗枝必须从基部剪掉。因槭树类忌刃器，细枝可用手折断
20	鸡爪槭	槭树科槭属	落叶小乔木，树冠扁圆形或伞形	叶形优美，是优良的观叶树种，可配植于草坪、土丘、溪边、池畔和路隅、墙边等处	弱喜光树种，耐半阴，喜温暖、湿润环境，耐寒，不耐水涝	幼树应在生长期及时从基部剪去徒长枝，5—6月短剪保留枝，调整新枝分布。成年树要注意冬季修剪直立枝、重叠枝、徒长枝、无用枝等。10—11月剪去对生枝中的一个，以形成相互错落的生长形式

序号	名称	科属	形态特征	园林用途	习性	整形修剪要点
21	泡桐	玄参科泡桐属	落叶乔木，树冠宽阔，广卵形或圆形	宜作庭荫树和行道树，也是工厂绿化的好树种	强喜光树种，不耐蔽阴	对于树干上的枯枝、病虫枝、交叉枝、过密枝等应疏去，疏剪时，剪口应与着生枝干平齐，不留残桩。如果簇生枝与轮生枝需全部去除的，应分次进行。回缩短截常用于弱树、老树和老弱枝的复壮。原则是壮枝轻剪长留，弱枝重剪短留，从而使新枝长势强健平衡，达到复壮目的。回缩或短截时，剪口应呈斜面并平整光滑，选择剪口芽时，一定要使其保持合适的生长方向
22	意杨	杨柳科杨属	落叶大乔木，树冠长卵形	树干耸立，宜作防风林、绿荫树和行道树	喜光树种，喜温暖、湿润环境	在初夏、中夏生长季节或冬季休眠期进行修枝。修枝强度：幼树控制在1/3树高，连续进行修剪3～4次，可培植无节通直干材达10 m以上，以后修枝强度控制在1/3～1/2高之间。剪口要与主干相平，不能留桩，否则会有节疤。在主干胸径未超过10 cm时，逐年向上修去侧枝。在剪口、锯口处往往会萌出嫩枝，需在春末夏初及时抹除
23	枫杨	胡桃科枫杨属	落叶乔木，树冠扁球形	树冠宽广，生长迅速，可作庭荫树或行道树，也是水旁绿化的好材料	喜光，稍耐阴，较耐寒	参照意杨
24	旱柳	杨柳科柳属	落叶乔木，树冠圆卵形或倒卵形	常栽植于沿河、湖岸边及低湿之处，也可作行道树	喜光，不耐阴，耐寒，喜水湿	每年修剪的主要对象是密生枝、枯死枝、病虫枝和伤残枝等
25	垂柳	杨柳科柳属	落叶乔木，树冠广倒卵形	枝条修长下垂，常植于河、湖边点缀园景，也可作行道树和护堤树	喜光，不耐阴，耐寒，喜水湿	在苗圃的修剪较为重要，需经过多年修剪才能培育出漂亮的树形。定植后一般很少做修剪，多保留其原有的树姿
26	榔榆	榆科榆属	落叶乔木	新叶嫩绿可人，树皮斑驳可观，宜作庭园树和行道树	喜光，稍耐阴，喜温暖、湿润环境	枝叶生长快，在新枝伸长至5～6 cm时，留2～3枚叶片，其余均剪去。为了保持造型式样，经常进行修剪或摘芽去梢，控制其生长，以免扰乱树形
27	垂枝榆	榆科榆属	落叶小乔木	枝条下垂，宜于门口或建筑物入口处旁作对植	喜光，耐寒，耐旱，喜湿润	定植后根据枝条生长快，耐修剪的特点，整形修枝进行造型。对株距小，空间少的植株通过绑扎，抑强促弱，纠正偏冠，使枝条下垂生长。当垂枝接近地面时，从离地面30～50 cm处周围剪齐，使其外形如同一个绿色圆柱体，很有特色

续附表 1

序号	名称	科属	形态特征	园林用途	习性	整形修剪要点
28	悬铃木	悬铃木科悬铃木属	落叶大乔木，枝条开阔，呈长椭圆形	树形雄伟，枝叶茂密，最宜作行道树及庭荫树，有"行道树之王"之称	喜光，喜湿润、温暖环境，较耐寒	幼树时保留一定高度，截去主梢而定干。在其上部选留3个不同方向的枝条进行短截，剪口下方留侧芽。在生长期内及时剥芽，保证3大枝的旺盛生长。冬季可在每个主枝中选2个侧枝短截，以形成6个小枝。夏季摘心控制生长，翌年冬季在6个小枝上各选2个枝条短剪

附表 2　常见常绿乔木整形修剪一览表

序号	名称	科属	形态特征	园林用途	习性	整形修剪要点
1	香樟	樟科樟属	常绿大乔木。树冠庞大，呈广卵形。树皮灰褐色，纵裂	为优良的行道树，也可孤植、丛植或群植配置	喜温暖、湿润环境，不耐严寒，喜光，稍耐阴	除常规修剪外，可以列植修剪成树篱或规则式造型
2	广玉兰	木兰科木兰属	常绿乔木。树冠卵状圆锥形。树皮灰褐色	树姿壮丽，花大且香，可孤植、对植、丛植、群植配置。也可作行道树	喜光，幼时稍耐阴，喜温暖、湿润环境	幼时要及时剪除花蕾并去除侧枝顶芽，使剪口下壮芽迅速形成优势向上生长，保证中心主枝的优势。定植后要回缩修剪过于水平或下垂的主枝
3	深山含笑	木兰科含笑属	常绿乔木。树皮浅灰或灰褐色，平滑不裂	树形美观。早春满树白花，有香味，为优良的观花树种。可孤植、群植等	喜温暖、湿润环境，有一定耐寒能力	树形较为美观，一般仅做常规修剪即可
4	杜英	杜英科杜英属	常绿乔木。树冠卵圆形，树皮深褐色，平滑	四季苍翠，枝叶茂密，可作行道树，或在庭院中丛植、片植	喜温暖、潮湿环境，耐寒性较差，稍耐阴	常用作行道树，树冠较为饱满，一般仅做常规修剪即可
5	桂花	木樨科木樨属	常绿阔叶乔木。因分枝点低，也常呈灌木状	入秋开花香气四溢，为绿化、美化、香化兼备的树种。可孤植、对植、行植或丛植	喜光，稍耐阴，喜温暖，也有一定抗寒能力	整形方式一般有中干分层形，主干圆头形和丛状形 3 种。桂花以短花枝着花为主。修剪时除必需的回缩更新外，应以疏枝为主，克服树冠外围枝条密集的现象。尽量少短截或不短截，以防新梢旺长，花芽数量减少
6	女贞	木樨科木樨属	常绿乔木，树冠卵形。树皮灰绿色，平滑，不开裂	可作行道树，或丛植配置，或修剪成高篱	适应性强，喜光，稍耐阴，喜温暖、湿润环境，稍耐寒	夏季修剪主要是短截中心主干上主枝的竞争枝，不断削弱其生长势。剪除主干上和根部的萌蘖枝。冬剪，仍要短截中心主干延长枝，但留芽方向与第一年相反。如遇中心主干上部发生竞争枝，要及时缩或短截，以削弱生长势
7	石楠	蔷薇科石楠属	常绿小乔木或灌木，树形端正	树形整齐，枝叶浓密，嫩叶深红鲜艳。常做庭院树种。孤植、丛植均宜	喜光，稍耐阴，喜温暖、湿润环境，不耐寒	除作绿篱或整形种植外，一般无须修剪。栽培中只需适当施肥、浇水，并注意中耕除草和适当更新修剪，即可株健花繁
8	枸骨	冬青科冬青属	常绿小乔木或灌木。树皮灰白色，平滑，不裂。叶形奇特	入秋后密生的红果鲜艳夺目，是观叶、观果俱佳树种。可丛植，也可做果篱、刺篱或修剪成球形	适应性强，喜光，喜温暖，耐寒性较差	生长慢，萌发力强，耐修剪。花后剪去花穗，6—7 月剪去过高、过长的枯枝、弱小枝、拥挤枝，保持树冠生长空间，促使周围新枝萌生。每 3～4 年可重新整行修剪 1 次

续附表2

序号	名称	科属	形态特征	园林用途	习性	整形修剪要点
9	蚊母树	金缕梅科蚊母属	常绿小乔木或灌木。树冠开展	可丛植于路旁、林边，还可以修剪成绿篱与球形装点庭院	适应性强，喜光，稍耐阴，喜温暖湿润环境	可培育成多种观赏形态，在园林绿化中为最佳的色块植物材料之一，亦可经造型培育成中、小型盆景置于庭院
10	枇杷	蔷薇科枇杷属	常绿小乔木。叶面多皱，亮绿	树形宽大整齐。宜单植或丛植于庭院	喜光，稍耐阴，喜温暖湿润环境，较耐寒	当顶芽发育成花房以后，花群集中开放，为了得到丰硕的果实食用和观赏，一般是从圆形花房中疏除部分果实。因为分枝少，可将不美观的杂乱枝从基部剪去，也可从上至下剪去横向枝，以形成上升树冠
11	雪松	松科松属	常绿针叶大乔木。树冠呈塔形，树皮深灰色，大枝不规则轮生	高大雄伟，树形优美，是世界著名的观赏树种之一。可对植，也适宜孤植或群植于草坪上	喜光，稍耐阴，耐寒	幼苗具有主干顶端柔软而自然下垂的特点，幼时可重剪顶梢附近粗壮的侧枝，使顶梢生长旺盛。造型方式可修剪成整齐的塔形，还可视树形修剪成盆景状
12	五针松	松科松属	常绿针叶乔木	株形紧密，姿态秀雅，是盆景造型、制作景点的珍贵材料，也可种于庭院或花坛	喜阳，稍耐阴，畏酷暑	因生长缓慢，多用于制作盆景。11月中旬至翌年4月期间均可整形。以铅丝吊扎为主，从主干开始，观察不同部位情况而决定整形修剪程度。或保持立干或作成曲干，斜干，悬崖。处理主干的同时对枝条也要进行处理。也是先决定取舍，然后对留下的枝条进行造型。同时对轮生枝，对称枝，直立枝，内向枝，近距离平行枝，交叉枝，正前枝，正后枝，切干枝等进行处理
13	龙柏	柏科桧属	常绿针叶乔木。树干通直，树冠呈窄圆锥形。树皮黑色	株形整齐，树姿优美，宜做丛植或列植，亦可修剪成球形，或将小株栽成色块	喜阳，稍耐阴，稍抗干旱	除自然生长成圆锥形外，也可将其盘扎成龙、马、狮、象等动物形象，也有的修剪成圆球形、鼓形、半球形，单植或列植，群植于庭园，更有的栽植成绿篱，经整形修剪成平直的圆脊形，可表现其低矮、丰满、细致、精细

附表 3　常见落叶灌木整形修剪一览表

序号	名称	科属	形态特征	园林用途	习性	整形修剪要点
1	牡丹	毛茛科	小灌木，高 1~2 m，分枝多，短粗，肉质根肥大，二回三出复叶互生	我国特产名花。可孤植、丛植、片植或植为花台、花池，或建立专类园，以及盆栽观赏	喜光，较耐阴，喜温凉气候，耐干燥，不耐湿热，喜通气良好的壤土、沙壤土	冬季修剪在落叶期，留下部 2 个花芽其余剪掉，不着花的其他小枝及不必要枝条等也需要整理。花后连花柄一起剪下。在叶腋中形成的芽膨大后，于 6 月中旬至下旬，留下部 2 个芽，不要伤叶子，把其他叶子用镊子摘除
2	榆叶梅	蔷薇科李属	落叶灌木或小乔木，树冠椭圆形，先花后叶，品种繁多	花繁色艳，十分绚丽，可丛植于草地、路边、池畔或庭院	温带树种，耐寒，耐旱，喜光，对土壤要求不严格	冬季短截每个主枝，剪去全长 1/3 左右。剪去主枝上副梢，只留下 1 枚叶芽，并剪去主干上辅养枝
3	郁李	蔷薇科樱属	落叶灌木，簇生成丛	开花密集艳丽，适于丛植，可点缀于阶前、屋旁、林缘和草坪周围	喜光，生长适应性强，耐旱，耐寒	多采用自然开心整形法。成年树修剪以疏删为主，改善内膛和下层光照条件，使其形成更多优质的短果枝
4	绣线菊	蔷薇科绣线菊属	落叶灌木，枝开展	可布置草坪等，或种植于门庭两侧，也可配置花篱	喜光，略耐阴，生长健壮，适应性强	可单独修剪成球形，或群植作色块，或作花镜、花坛植物。一般与常绿小灌木相配置。冬季枯叶后，即进行修剪，植株大小控制在 30 cm × 30 cm 左右
5	麻叶绣球	蔷薇科粉花绣线菊属	落叶灌木，花 10~30 朵呈半球状伞形花序	植株丛生呈半圆形，可丛植于池畔、路旁或林缘，也可列植为花篱	喜光，稍耐阴，耐旱，忌水湿，喜温暖	冬季落叶后修剪，保留 2~3 年丛生枝 1.5~1.8 m 高，粗枝上密生小枝。5 年以上枝不开花，从地面剪去，保留一、二年生的枝条
6	贴梗海棠	蔷薇科木瓜属	落叶灌木，枝干丛生开展	可丛植于庭院墙隅、林缘等处	喜光，稍耐阴，耐旱，忌水湿，喜温暖	北方多采用灌木丛状，南方除灌木丛状外，还常将其修剪成小乔木状。灌丛定植后，一般选留健壮枝条 3~5 个，其余过多弱枝条从基部剪除
7	紫荆	豆科紫荆属	落叶灌木或小乔木，丛生	多丛植于草坪边缘和建筑物旁、园路角隅或树林边缘	暖带树种，较耐寒，喜光，稍耐阴	只在伸长芽的枝条上留下基部几个芽，把过密枝及树冠内细枝剪掉。丛生造型：其树形整齐，一般可放任生长。但在幼树期，留下 3~5 根枝条加以修剪，可形成干净利落的株行。单干造型：留下一根粗枝，余下的均除掉，以后在一定高度上再发出小枝
8	木槿	锦葵科木槿属	落叶灌木或小乔木	花期长，可孤植、丛植，也可用作花篱材料	喜光，稍耐阴，喜水湿，耐干旱，喜温暖、湿润环境	可整形成主干开心形和丛生形。冬季落叶即可修剪。二、三年生老枝仍可发育花芽、开花，剪去先端，留 10 cm 左右即可

续附表 3

序号	名称	科属	形态特征	园林用途	习性	整形修剪要点
9	木芙蓉	锦葵科木槿属	落叶灌木或小乔木	晚秋开花，可孤植、丛植于墙边、路旁、厅前等处，特别适宜植于水滨	喜光，略耐阴，喜温暖、湿润环境，忌干旱	木芙蓉长势强健，萌发强，枝条多而乱，应及时修剪，抹芽。木芙蓉耐修剪，根据需要既可将其修剪成乔木状，又可修剪成灌木状。修剪宜在花后及春季萌芽前进行，剪去枯枝、弱枝，以保证树冠内部通风通光良好
10	迎春花	木樨科素馨属	落叶灌木	宜植于池边、路缘和山石旁，亦可丛植于草坪、树丛边缘	喜光，略耐阴，耐旱怕涝	5月中剪去强枝、杂乱枝，以集中养分。6月可剪去新梢，留枝的基部2～3节，以集中养分供翌年花芽生长
11	紫丁香	木樨科丁香属	落叶小灌木或乔木	我国特有的名贵花木，具有独特的芳香。丛植于路边、草坪边缘等处，或在庭前窗外孤植	喜光，略耐阴，喜温暖、湿润环境	当幼树的中心主枝达到一定高度时，留4～5个强壮枝作主枝培养。使其上下错落分布，间距10～15 cm。短截主枝先端，剪口下留一下芽或侧芽
12	金钟花	木樨科连翘属	落叶灌木，茎丛生，枝开展，拱形下垂	可丛植于草坪、墙隅、路边、树缘、院内庭前等处	喜光，略耐阴，喜温暖、湿润环境	适宜在开花后进行修剪。每年花后剪去枯枝、弱枝、过密枝，短截徒长枝，使之通风透光，保持优美株形
13	连翘	木樨科连翘属	基本同金钟花，但小枝中空，叶有时为3裂或3小叶，缘有粗锯齿。萼裂片与花冠筒等长	同金钟花	同金钟花	挂幌式造型：培育2 m左右高的主干，使其笔直伸长，然后在其上促发分枝，长出细枝下垂。台灯式造型：树干伸长至1.5 m左右，上部长出枝条。丛生形造型：老枝从基部切掉，伸长的枝条于花后叶芽生长时再摘除
14	锦带花	忍冬科锦带花属	落叶灌木	花色艳丽，可丛植于河边、草坪、路旁和建筑物前	喜光，耐寒，适应性强，怕水涝	锦带花的花芽主要着生在一、二年生枝条上，早春芽萌动前修剪要特别注意，一般只能疏剪枯枝和老弱枝，以减少养分消耗，促使新枝条条芽的形成。对于3年以上的老枝可从基部剪除，促使萌发新枝。如不需要留种，宜在花后及时剪除残花序，这样不仅株形美观，而且有利于枝条生长
15	绣球花	忍冬科荚蒾属	落叶或半常绿灌木	宜培植在堂前、屋后、墙下、窗外，也可丛植于路旁、林缘等处	喜光，略耐阴，耐寒，耐旱	开过花的枝在花下的一节，新伸长的枝从先端往下的1～2节剪掉。冬季修剪把细枝、枯枝去掉，以便更新枝条

续附表3

序号	名称	科属	形态特征	园林用途	习性	整形修剪要点
16	紫玉兰	木兰科木兰属	落叶灌木	花大，味香，宜培植于庭前或丛植于草坪边缘	喜光，不耐阴，较耐寒	花后到大量萌芽前修剪，早春可剪除先端附近侧芽。夏季对先端竞争枝进行控制修剪。如不需高生长，可在6月初切去主枝末端
17	蜡梅	蜡梅科蜡梅属	落叶丛生大灌木，在暖地叶半常绿	可配置于园林与建筑物的入口处两侧和庭前、亭周、窗前屋后、墙隅及草坪、水畔等处。孤植、对植、丛植、群植均可	喜光，耐阴，较耐寒，怕风，怕水涝	整形方式多为单干式和多干式两种。夏季对主枝延长枝的强枝摘心或剪梢，减弱其长势，对弱枝以支柱支撑。冬季将3个主枝各剪去1/3，修剪主枝上的侧枝应自下而上逐渐缩短，使其相互错落分布
18	八仙花	虎耳草科绣球属	落叶灌木	花型硕大，可配植于庭院阴处或林缘	喜半阴，湿润和温暖，不甚耐寒	在北方地上部分容易冻死，可将地上部分剪去。南方，2月在大花芽的上方短剪。花开完后在其下面2～4枚叶处剪掉。9月花芽、叶芽分化之后保留20个枝条以下为宜
19	卫矛	卫矛科卫矛属	落叶灌木	孤植、丛植均可	喜光，耐阴，耐寒，耐干旱	因为一年生长的新梢下形成有花芽，故要避免重修剪。在修剪过密枝时，枝要左右交互留下，令其有自然感，要点是均衡的修剪
20	红瑞木	山茱萸科梾木属	落叶灌木	宜丛植于庭园草坪、建筑物前或常绿树前	喜光，耐半阴。极耐寒，较耐旱	早春萌芽应进行更新修剪，将上年生枝条短截，促使萌发新枝，保持枝条鲜红。栽培中出现老株生长衰弱，皮涩花老现象时，应注意更新，可在基部留1～2个芽，其余全部剪去。新枝萌发后适当疏剪，当年即可恢复
21	紫叶小檗	小檗科小檗属	落叶灌木，枝丛生	园林中常与常绿树种作块面色彩布置，效果较佳	适应性强，喜光，耐半阴，耐干旱，耐寒	萌蘖性强，耐修剪，定植时可强行修剪，以促发新枝。入冬前或早春前疏剪过密枝或截短长枝，花后控制生长高度，使株行圆满
22	紫薇	千屈菜科紫薇属	落叶灌木或小乔木。花芽属当年分化当年开花型	花期长，可栽植于建筑物前、庭院内，道路、草坪边缘等处	喜光，稍耐阴。喜温暖、湿润环境，不耐涝	整形方式有多主干形、多主枝形和中干疏层形。修剪以休眠期为主，一般在萌芽前进行为佳。紫薇对修剪反应比较敏感，较重的短截可以明显增加花枝的数量

续附表 3

序号	名称	科属	形态特征	园林用途	习性	整形修剪要点
23	石榴	石榴科石榴属	落叶灌木或小乔木。树冠常不整齐，干皮灰褐色，片状剥落	是观叶、花、果兼优的庭院树，宜在阶前、庭前、亭旁、墙隅等处种植	喜光，不耐阴，隐蔽处生长开花不良，怕水涝	单干造型：把徒长枝及一切不必要的枝全部剪掉。因成株自然整形，故没有必要每年都修剪。多干丛生造型：把树干从基部剪断，使其分枝，再留下几根壮实的枝，剪掉过密枝，利于通风。因花芽于当年伸长的短枝上形成，中短枝不动，把徒长枝剪下 20～30 cm

附表 4 常见常绿灌木整形修剪一览表

序号	名称	科属	形态特征	园林用途	习性	整形修剪要点
1	千头柏	柏科侧柏属	常绿灌木。植株丛生状,树冠卵圆形或圆球形。树皮浅褐色。叶鳞形	自然长成圆球形,可布置于树丛前增加层次。金叶千头柏色彩金黄,是很好的色叶树种	喜光,幼苗期稍耐阴,耐严寒,耐干燥瘠薄	自然树形较好,仅做常规修剪即可
2	金叶桧	柏科圆柏属	直立常绿灌木。树冠圆锥形。树皮灰褐色	树形端庄,叶色丰富,可在庭院作对植布置,或丛植于高大乔木的树丛前	习性同圆柏	萌蘖力强,耐修剪。可按原形进行修剪,使树形看起来整洁优美
3	含笑	木兰科含笑属	常绿灌木或小灌木。树皮灰褐色	为庭院中著名的芳香观赏树。宜种植于疏林或林缘	喜稍阴条件,不耐烈日暴晒,喜湿润环境,不甚耐寒	把树冠线上的乱长的枝去掉,将树冠内不必要枝条全部剪去
4	茶花	山茶科茶属	常绿灌木或小乔木。单叶互生,革质,卵形或椭圆形	世界闻名的观赏树种,中国十大名花之一。叶色翠绿,花大色美,品种繁多,宜丛植于疏林之内或林缘,或建筑物南面暖处	喜温暖、湿润环境,喜半阴,亦耐阴,忌阳光	茶花幼年期顶端优势旺盛,易形成单干形,应适当进行摘心或短截。定植后,每年花谢后要去残花,对一年生枝进行短截,剪口下留外芽或斜生枝,促进侧芽萌发,防止枝条下部光秃
5	厚皮香	山茶科厚皮香属	常绿灌木或小乔木。树冠圆锥形	枝序规则,枝叶繁茂,树形优美,叶柄与新叶红色。宜丛植于林缘或围墙、竹篱之旁	喜温暖和背阴环境,阳光直射之地生长不良。喜排水良好,湿润肥沃的土壤	"层云形"造型: 新枝4～5枚成为轮生枝,去掉2～3枝,余下的留2～3叶后剪掉。由叶腋抽出芽,分枝增加,树冠繁茂,变美,秋天进行同样的操作。株高达2 m时疏枝,粗略进行整形。每年1～2次进行这样的修剪。每年都要重复操作,使株形整成理想的状态
6	夹竹桃	夹竹桃科夹竹桃属	常绿灌木,多分枝	终年常绿,花期长,是林缘、墙边、河旁及工厂绿化的良好观赏树种	喜光,耐半阴,喜温暖湿润,畏严寒,忌水涝,生命力强	耐修剪。4月前剪除枯枝、地上萌生枝,回缩修剪较长的枝条,一般保留枝干3～5枝。6月将拥挤枝、伸展过长枝从基部剪掉。9月修剪生长很强的枝条以及过密枝
7	栀子	茜草科栀子属	常绿灌木。枝丛生	终年常绿,且开花芬芳香郁。可用于庭院、池畔、阶前、路旁丛植或孤植,也可作花篱栽培	喜温暖、湿润环境,不甚耐寒,喜光,耐半阴,怕暴晒	萌芽力强耐修剪。9月2次新梢发育花芽,待翌年开花。花谢后,如整形修剪,只能剪伸展枝、徒长枝、弱小枝、斜枝、重叠枝、枯枝等,但要保持整株造型完整

续附表4

序号	名称	科属	形态特征	园林用途	习性	整形修剪要点
8	凤尾兰	龙舌兰科丝兰属	常绿灌木。干茎短。株形奇特	叶形如剑。花色洁白，可栽植于花坛或林缘	适应性强，喜温暖、湿润环境	只需及时剪除枯枝残叶和花后的花梗即可
9	南天竹	小檗科南天竹属	常绿灌木。干直立，少分枝	树干丛生，秋冬时叶色变红，红果累累，为赏叶观果的优良树种。可孤植或丛植于山石旁、庭屋前、墙脚、林缘阴处与树下	喜半阴，见强光后叶色变红，喜温暖、湿润环境	基部剪去，选留3～5个健壮枝作为主干。3—6月主干生长过长时可从分枝处剪去主梢。平时要及时剪去根部的萌生小枝，以利主干的增粗。还要剪去老枝、拥挤枝，以利冠内通风
10	火棘	蔷薇科火棘属	常绿灌木或小乔木	入夏时白花点点，入秋后红果累累，是观花观果的优良树种。在园林中可丛植、孤植，也可修成球形或绿篱	喜阳光、稍耐阴，但偏阴会引起严重的落花落果	一年中可在3—4月、6—7月、9—10月进行3次修剪。6—7月可剪去一半新芽；9—10月剪去新生长出的新枝；2年后3—4月强剪
11	海桐	海桐花科海桐花属	常绿灌木或小乔木。树冠球形	四季碧绿，叶色光亮，可孤植或丛植于草坪边缘或路旁、河边，也可群植组成色块	适应性强，为中性树种，在阳光下及半阴处均能良好生长	6月进行整形修剪为宜。夏季应摘心防止徒长。如秋季修剪，新枝已停止生长，萌芽慢，会使树木生长势变弱。也可以将树冠修剪成各种造型
12	大叶黄杨	卫矛科卫矛属	常绿灌木或小乔木	枝叶密集常青，生性强健，一般作绿篱种植，也可修剪成球形	适应性强，喜湿润环境，耐寒性略差	第一年，在主干顶端选留两个对生枝，作为第一层骨干枝。第二年，在新的主干枝上再选留两个侧枝短截先端，作为第二层骨干枝。球形树冠修剪，需要一年中反复多次进行外露枝修剪，随时修剪外表。老树更新复壮修剪，选定1～3个上下交错生长的主枝，其余全部剪除。翌年春天，待新芽长出约10 cm时再选留骨干枝，剪除新枝
13	胡颓子	胡颓子科胡颓子属	常绿灌木	叶色奇特秀丽，宜配置于林缘道旁，也可修剪成球形	喜光，也耐阴	一般做常规修剪，也可修剪成球形
14	八角金盘	五加科八角金盘属	常绿灌木，常数株丛生	是优良的观叶树种，适宜配置于庭前、门旁、窗边、栏下或群植作疏林的下层植被	喜温暖、湿润环境，怕干旱	5—6月从基部剪除老叶、黄叶。4—6月生长势较强，分枝性能差，可将过高的枝从基部或从地面以上剪去

续表附表 4

序号	名称	科属	形态特征	园林用途	习性	整形修剪要点
15	珊瑚树	忍冬科荚蒾属	常绿灌木或小乔木	终年浓绿，秋后果实鲜红，一般作隔离用的高绿篱，也可成丛栽植或修剪成大型球形	喜光，也能耐阴，喜温暖，耐寒性略差	根蘖要从地表处剪掉，把徒长枝留下数根为树造型，生长旺盛的树冠内的徒长枝也要剪去。双干形造型，考虑1株为2条干，使枝左右交互配置，对干间的枝，少留几个小枝，其余全部剪去
16	洒金桃叶珊瑚	山茱萸科珊瑚属	常绿灌木	是十分优良的耐阴树种，宜栽植于园林的庇荫处或树林下	极耐阴，喜湿润、排水良好的肥沃土地，不甚耐寒	在节上部剪枝，不要在节与节间修剪。把树冠中的乱枝剪掉，在中部剪掉还可长出来，故要从基部剪去
17	杜鹃	杜鹃花科杜鹃花属	常绿灌木。花冠钟形或漏斗形	开花期长，可群植于疏林下，或在花坛、树坛、林缘作色块布置	半耐阴，忌烈日直射	10年以下的杜鹃花，修剪主要是疏枝和短截相结合，培养树形。20年以上旺年树，主要是进行疏枝和疏花，以保证翌年花的数量和质量。另外要注意老枝的回缩和更新
18	月季	蔷薇科蔷薇属	常绿或落叶灌木。枝干直立、扩展或蔓生	我国重要花卉之一。是花坛、花带、花篱栽植的优良材料	喜阳光充足，空气流通的环境，忌蔽阴	一般整形修剪在冬季或早春进行。在夏秋生长期也可经常进行摘蕾、剪梢，切花和剪去残花等
19	红花檵木	金缕梅科檵木属	常绿灌木或小乔木	常年叶色鲜艳，常用于色块布置或修剪成球状。也是制作盆景的好材料	喜光，稍耐阴，适应性强，耐旱	是栽植色块的重要树种，另外也可剪成球形、柱形等

附表 5　常见藤本观赏植物整形修剪一览表

序号	名称	科属	形态特征	园林用途	习性	整形修剪要点
1	油麻藤	豆科油麻藤属	常绿藤本	绿翠层层，浓荫覆盖，生长迅速，是棚架栽植的优良树种	树冠开阔，是优美的庭荫树和行道树，宜植于房前、屋后及草坪、林缘	枝干苍劲、叶片葱翠，特别是每年4月在老枝上绽放出紫色花朵，形成"老茎开新花"的奇观。仅做常规修剪即可
2	扶芳藤	卫矛科卫矛属	常绿藤本。茎匍匐或攀缘	常用以点缀庭园粉墙、山岩、石壁，也可在大树下栽植	耐阴，喜温暖，较耐寒，耐干旱	多用作垂直绿化或地被，也可修剪成球形
3	常春藤	五加科常春藤属	常绿攀缘藤本	可用其气生根扎附于假山、墙垣上	极耐阴，喜温暖、湿润环境	去除枯枝、病虫枝即可。一般不做其他修剪
4	紫藤	豆科紫藤属	落叶木质大藤本	最宜作棚架栽植。如作灌木状栽植于河边或假山旁，亦十分相宜	喜光，略耐阴，耐干旱，忌水湿	定植后剪去先端不成熟部分，如有侧枝，剪去2~3个。主干上的主枝，在中部只留2~3个芽作辅养枝。翌年冬季，对架面上中心主枝短截至壮芽处。以后每年冬季剪去枯死枝、病虫枝、互相缠绕过分重叠枝
5	爬山虎	葡萄科爬山虎属	落叶木质藤本	是墙面垂直绿化的主要植物材料，也可以点缀假山和叠石	喜光，稍耐阴，耐寒，耐旱，耐湿	去除枯枝、病虫枝即可。一般不做其他修剪
6	凌霄	紫葳科凌霄属	落叶木质藤本	可植于假山等处，也是廊架绿化的上好植物	喜光，稍耐阴，喜温暖、湿润环境，耐旱，忌积水	冬季发芽前，对枯枝和过长枝进行修剪，避免枝条过密，看起来烦乱

 参考文献

[1]　鲁平.园林植物修剪与造型造景.北京:中国林业出版社,2008.

[2]　韩丽文,祝志勇.园林植物造型技艺.北京:科学出版社,2011.

[3]　王韬瑓.园林树木整形修剪技术.上海:上海科学技术出版社,2007.

[4]　张钢,陈段芬,肖建忠.图解园林树木整形修剪.北京:中国农业出版社,2010.

[5]　吕玉奎.200种常用园林植物整形修剪技术.北京:化学工业出版社,2016.

[6]　张秀英.观赏花木整形修剪.北京:中国农业出版社,2000.

[7]　冯莎莎.园林绿化树木整形与修剪.北京:化学工业出版社,2015.

[8]　李友.树木整形修剪技术图解.北京:化学工业出版社,2016.

[9]　李承水.园林树木栽培与养护.北京:中国农业出版社,2007.

[10]　邱国金.园林树木.北京:中国农业出版社,2006.

[11]　石进朝.园林植物栽培与养护.北京:中国农业大学出版社,2012.

[12]　王国东.园林植物环境.南京:凤凰出版传媒集团,2012.

[13]　唐蓉,李瑞昌.园林植物栽培与养护.北京:科学出版社,2009.

[14]　魏岩.园林植物栽培与养护.北京:中国科学技术出版社,2011.

[15]　余远国.园林植物栽培与养护管理.北京:机械工业出版社,2007.

[16]　龚维红,赖九江.园林树木栽培与养护.北京:中国电力出版社,2009.

[17]　张天麟.园林树木1600种.北京:中国建筑工业出版社,2010.

[18]　王国东.园林苗木生产与经营.大连:大连理工大学出版社,2014.

[19]　王秀娟,张兴.园林植物栽培技术.北京:化学工业出版社,2007.

[20]　李娜.园林景观植物栽培.北京:化学工业出版社,2014.

[21]　周兴元.园林植物栽培.北京:高等教育出版社,2006.

[22]　布凤琴,宋凤,臧德奎.300种常见园林树木图鉴.北京:化学工业出版社,2014.

[23]　李作文,张连全.园林树木1966种.沈阳:辽宁科学技术出版社,2014.

[24]　徐晔春,崔晓东,李钱鱼.园林树木鉴赏.北京:化学工业出版社,2012.